MAGIRUS ECKHAUBER
DIE DEUTSCHEN BULLEN

Wolfgang H. Gebhardt

Motor
buch
Verlag

Impressum

Einbandgestaltung, Bilder für Titel und Rücktitel: Ralf Weinreich

Bildnachweis: Bilder mit Einzel-Kennzeichnung sowie Dokumente und Fotos, die nicht auf Werksveröffentlichungen beruhen, stammen – sofern nicht anders angegeben – aus dem Archiv des Autors.

ISBN: 978-3-613-04595-8

1. Auflage 2023

Sie finden uns im Internet unter www.motorbuch-verlag.de

Lektorat: Joachim Kuch
Innengestaltung: ERWE-WERBUNG, Ralf Weinreich
Druck und Bindung: DZS GRAFIK d. o. o. Ljubljana
Printed in Slovenia

Inhalt

Foto: Ralf Weinreich

Vorwort

Foto: Ralf Weinreich

Vom Kriegs-Kastenhauber zum »Baubullen«

»Quadratisch, praktisch, gut«, so lautet die kurze, aber einprägsame Werbung eines deutschen Schokoladenherstellers. Aber auch im Nutzfahrzeugbau gilt diese Aussage, insbesondere, wenn über dem revolutionären Triebwerk eine eigenwillige Haube platziert ist, die das Fahrzeug auf Anhieb im Straßenverkehr erkennen ließ. Dieses damals einzigartige Auffallens- und Identitätsmerkmal können die zu Beginn der 50er Jahre des vergangenen Jahrhunderts präsentierten Eck- oder Kastenhauben-Laster der Ulmer Marke Magirus für sich reklamieren. Der 1941 eingeführte und bis 1943 gebaute Klöckner-Humboldt-Deutz-Lastwagen erlebte nach dem Krieg seine Renaissance, insbesondere ab 1949, als unter seiner Motorhaube der gegen Hitze und Kälte immune luftgekühlte Motor für den Vortrieb sorgte. Da sich die 1951 eingeführte Rundhaube für die Baustellenversion nicht eignete, musste die in Magirus-Deutz umbenannte Marke zweigleisig fahren. Für den Speditionsverkehr auf ausgebauten Straßen standen die Rundhauber zur Verfügung. Für den Baustellenverkehr und den Einsatz beim Militär kamen die vollgeländegängigen Eckhauber zum Zuge. Die optisch verbesserte Kasten- und die größere quadratische Kastenhaube konnten sich den Verwindungen des Rahmens auf schwierigem Gelände anpassen. Kurzum, die Modelle der zweiten Magirus-Deutz-Baustellenlaster-Generation waren rasch als Wiederaufbauhelfer in der Bundesrepublik, als schwere Pritschen- und Spezialtransporter bei der Bundeswehr und mit einem Exportanteil von stets 60 Prozent vor allem in Nordafrika und im Orient präsent. 1971 trat die dritte Eckhauber-Generation mit feiner modellierter Haube und lichtdurchflutetem Fahrerhaus an und repräsentierte bis 1993 die »Deutschen Baubullen«.

Der vorliegende Band befasst sich mit ausgewählten Magirus-Deutz-Eckhauben-Baureihen, die den Nutzlastbereich von 3,5 bis 16 Tonnen auf öffentlichen Straßen und mit höherer Tonnage auf privatem Gelände abdeckten und mit Pritschen-, Kipper-, Betonmischer-, Kommunal- und Feuerwehraufbauten im damaligen Verkehrsgeschehen präsent waren.

Für die Bereitstellung der Fotos und der Prospekte bedanke ich mich bei dem einstigen Leiter des Iveco-Magirus-Archivs, Herrn Richard Schwarz, bei Herrn Lodewijk Goossens, der mir seine Prospektsammlung zur Verfügung gestellt hat sowie bei Herrn Alexander Oertle für Fotos historischer Magirus-Deutz-Fahzeuge.

Die teils mäßige Bildqualität bittet der Verfasser im Interesse der Dokumentation zu entschuldigen.

Wolfgang H. Gebhardt

Von Feuerwehr-Requisiten zum Nutzfahrzeugbau

Foto: Ralf Weinreich

Der Ulmer Feuerwehrkommandant Conrad Dietrich Magirus (1824 – 1895) richtete 1864 die Ulmer Feuerlöschgeräte-Fabrik ein, die sich mit ihren ausziehbaren und ortsbeweglichen Leitern rasch eine führende Stellung im Bereich der Feuerlöschtechnik im Deutschen Reich erobern konnte. Der Bau von Feldküchen, Automobilen – mit Dampfdruck betriebenen – Spritzen- und Leitern sowie vor allem von teleskopierbaren Beobachtungstürmen für die Artillerie des Kaisers führte zu einem intensiven und gewinnbringenden Kontakt mit den kaiserlichen Beschaffungsstellen in Berlin. Als man hier in der Mitte des festgefahrenen Ersten Weltkrieges auf die verstärkte Motorisierung der Transporteinheiten setzte, drängte die Versuchsabteilung der Heeresverwaltung für das Kraftfahrwesen das Ulmer Werk dazu, auch den Bau von Benzin-Lastwagen aufzunehmen. Mit dem 1917 vorgestellten Regeldreitonner mit eigenem Motor konnte der Serienbau der Magirus-Lastwagen aufgenommen werden. In der frühen Nachkriegszeit baute das Ulmer Werk ein Programm auf, das in den dreißiger Jahren schließlich den Bereich vom 1- bis zum 6,5-Tonner abdeckte.

Die zu schwache finanzielle Basis führte zu einem steten Auf und Ab des Fahrzeugbaus im Gegensatz zur Feuerlöschgerätetechnik. Der 1921 erfolgte Anschluss an das Verkaufskartell Deutscher Automobil-Konzern (DAK), der den Marken Dux, Magirus, Presto und Vomag bestimmte Bauklassen zuteilte, scheiterte schon nach fünf Jahren. Die nächste klamme Situation trat 1928, kurz vor der

MAGIRUS

Feuerwehrkommandant Conrad Dietrich Magirus.

Weltwirtschaftskrise, ein. Die Hausbanken verweigerten weitere Kredite für die Modernisierung und Rationalisierung des Fahrzeugbaus. Die Geschäftsleitung favorisierte eine Fusion mit der Daimler-Benz AG. Da die Stuttgarter an der Feuerwehrtechnik ihrer ihnen nahestehenden Firma Metz festhielten, was die Einstellung der Ulmer Sparte in diesem Metier bedeutet hätte, scheiterte schließlich dieses Vorhaben. Eine Zusammenlegung des Aktienkapitals schaffte zunächst etwas Luft, bis die Auswirkungen der Weltwirtschaftskrise zu einem neuen Tiefpunkt im Bau und Absatz von Fahrzeugen sowie zu einer deprimierenden Ebbe in der Firmenkasse führten.

Als »Retter in der Not« trat in dieser aussichtslosen Lage der kapitalkräftige Zigarettenpapier-Fabrikant (Marke »Efka«) und Präsident der Industrie- und Handelskammer Stuttgart sowie Leiter der Wirtschaftskammer für Württemberg-Hohenzollern, Fritz Kiehn aus Trossingen, auf. Der niedrige Kurs der Magirus-Aktien ermöglichte ihm, große Aktienpakete aufzukaufen und somit zum Großaktionär des Magirus-Unternehmens aufzusteigen. Die Hausbanken sahen in dem wirtschaftlich potenten und der NSDAP zugewandten Fritz Kiehn die Person, die das Unternehmen wieder auf Kurs bringen konnte. Die finanzielle Lage war durch die Banken und den Großaktionär wieder gesichert, und der letzte Vertreter der Gründerfamilie, Generalleutnant Adolf von Magirus, trat 1934 auf der Aktionärsversammlung vom Vorsitz des Aufsichtsrates zurück.

Die staatlichen Aufträge und die Förderung der Automobilwirtschaft durch die NS-Regierung brachten zwar endlich einen Aufschwung für das

Erster mobiler Magirus-Leiterwagen, 1903.

Die C. D. Magirus-Feuerwehr-Requisiten-Fabrik, um 1885.

Magirus-Werbung für automobile Leiterwagen, 1918.

Erster Magirus-Lkw vom Typ 3 K mit 40-PS-Motor, 1919. (Foto: Iveco-Magirus-Archiv)

Magirus-Werk, aber Fritz Kiehn war als erfahrener Geschäftsmann davon überzeugt, dass nur der Anschluss an ein größeres Wirtschaftsunternehmen im Automobil- und Motorenbau dem Ulmer Werk die Zukunft sichern werde. Der Vorstandsvorsitzende der Kölner Humboldt-Deutzmotoren AG, der Geheime Kommerzienrat Peter Klöckner hingegen war von der Überlegung getrieben, den eigenen Dieselmotorenbau mit Hilfe einer eigenen Automobilfabrik breiter und stabiler aufzustellen. Die strategischen Interessen beider Unternehmer trafen sich somit, und das Resultat der beiden Vordenker war das 1935 erfolgte Aufgehen des Magirus-Werkes in dem Kölner Motoren- und Maschinenbauer. Der Zigarettenpapier-Fabrikant schied aus, zumal er sich in Parteikreisen unbeliebt gemacht hatte. Die Nutzfahrzeugfabrik trat jetzt mit der Umfirmierung in Klöckner-Humboldt-Deutz AG, Werk Magirus, ein Jahr später mit der nochmaligen Umfirmierung in Klöckner-Humboldt-Deutz AG, Werk Ulm auf. Das

Magirus-Werk, um 1925.

Magirus-Leiterwagen auf 55-PS-M1-Fahrgestell, 1928.

Logo mit den Konturen des Ulmer Münsters wich dem KHD-Emblem in einem Kreis.

Mit der kapitalkräftigen Muttergesellschaft im Rücken konnte die Montage der Lastwagen und Omnibusse auf den modernsten Stand gebracht werden. Deutzer Dieselmotoren, zum Teil im Ulmer Motorenbau gefertigt, verdrängten die bisherigen Ulmer Vierzylinder-Ottomotoren ebenso wie die Sechszylinder-Vergasertypen nach Maybach-Lizenzen und die Antriebe der amerikanischen Continental Motors Corp. in Muskegon/Michigan.

Die ersten Diesel-Lastwagen waren 1934 erschienen; es handelte sich dabei zunächst um wassergekühlte Vier- und Sechszylinder-Vorkammer-Motoren (Hubraum von 3,0 bis 7,5 Liter, Leistung 45 bis 110 PS). Diese Baumuster und deren Weiterentwicklungen und Varianten bestimmten das Motorenangebot bis in die 1940er Jahre hinein. Darüber hinaus war in loser Zusammenarbeit mit Henschel und Vomag Mitte der 1930er Jahre ein 12-Zylinder-Dieselmotor in Boxer-Bauweise zum Einbau unterflur entwickelt worden. Er besaß einen Hubraum von 10,6 Liter und erzeugte 150 PS bei 2000/min. Zum Serienbau kam es nicht; die Kölner Führung schätzte die mögliche Stückzahl als zu unwirtschaftlich ein. Weitere Motorentwicklungen kamen mit Kriegsbeginn zum Erliegen; die Machthaber forderten große Stückzahlen bewährter Aggregate.

Werbeanzeige für Magirus-Lkw, Omnibus- und Leiterwagen, 1931.→

Magirus
Die höchste Feuerwehr-Leiter der Welt aus Stahl über 38 m
Magirus
Magirus führend
im Bau von
Feuerwehrfahrzeugen
Lastkraftwagen-
Omnibussen
ALFRED KOCH MÜNCHEN 31
Omnibusse für 20–50 Personen
Lastkraftwagen von 1½–5 to
C. D. MAGIRUS AKTIENGESELLSCHAFT · ULM a. DONAU

Lkw für den Generalbevollmächtigten für das Kraftfahrwesen

Foto: Ralf Weinreich

Die deutsche Industrie unter dem Vierjahresplan

Im Rahmen des NS-Vierjahresplanes von 1936 forderte Hitler zum einen: »Die deutsche Armee müsse in vier Jahren einsatzfähig sein.« Zum anderen forderte er: »Die deutsche Wirtschaft müsse in 4 Jahren kriegsfähig sein«. 1938 verlangte das Reichswirtschaftsministerium unter der Leitung von Hermann Göring in diesem Sinne die Begrenzung der Kfz-Typenvielfalt auf wenige Modelle, was zu größeren Stückzahlen für den geplanten Krieg und zu einer geringeren Ersatzteilvielfalt führen sollte. Die deutsche Nutzfahrzeugindustrie reichte hierzu rasch ihre Vorschläge ein, und Göring schuf im Frühjahr 1938 die Stelle des Generalbevollmächtigten für das Kraftfahrwesen (GBK) mit dem Oberst im Generalstab, Adolf von Schell (1893 – 1967) an der Spitze. Dieser arbeitete ein Rationalisierungsprogramm für Nutzfahrzeuge, Personenwagen, Motorräder und Anhänger aus, das den berücksichtigten Herstellern den Bau von Fahrzeugen in bestimmten Größenklassen zuteilte. Gewöhnlich wurde eine Firma bestimmt, die den Haupttyp herstellen sollte, an dem sich weitere Hersteller zu orientieren hatten; für geplante neue Konstruktionen wurde den Firmen eine Gemeinschaftsentwicklung vorgeschrieben. Insgesamt lief es darauf hinaus, dass alle neuen Typen vom GBK genehmigt werden mussten.

Adolf v. Schell als Generalleutnant 1943.
(Foto: Bundesarchiv Bild 146-2006-0096)

Hauber für die Wehrmacht

Dem KHD-Werk in Ulm teile das »Schell-Programm« den Bau eines Drei- sowie des (hier nicht berücksichtigten) 4,5-Tonners mit Hinterrad- und mit Allradantrieb zu. Vorarbeiten für einen Nachfolger des seit 1937 gebauten 3,5-Tonners L 235 lagen im Sommer 1938 bereit, so dass unter dem Magirus-Konstruktionschef Dipl.-Ing. Hans Hasselgruber (1898 – 1978) und dem Konstrukteur, Ing. Max Schmidberger, umgehend zwei Prototypen in der S-Ausführung mit konventionellem und in der A-Ausführung mit Allradantrieb fertiggestellt und intern erprobt werden konnten.

Revolutionär war der von Schmidberger entwickelte Fahrgestellrahmen, der aus Vorderachs- und Hinterachsrahmen bestand, die mit unterschiedlich langen Rahmenmittelstücken vernietet wurden, was ohne großen Aufwand die Konstruktion von Fahrgestellen mit verschiedenen Radständen ermöglichte.

Der ansprechend gezeichneten Fahrerkabine war eine kastenförmige Haube vorgesetzt. Durch ein dem Getriebe nachgeschaltetes Verteilergetriebe und einer Antriebs-Lenkachse konnte der Lkw auch als Allradfahrzeug – Typbezeichnung A 330 – ausgestattet werden. Die Omnibus-Version präsentierte sich unter der Bezeichnung O 300. Unter der leicht abgerundeten, kastenförmigen Haube stand der brandneue Vierzylinder-Dieselmotor F 4 M 513 mit knapp fünf Litern Hubraum, der 80 PS erzeugte. Gegenüber dem 3,5-Tonnen-Vorgänger mit 85 PS, aber mit 6,1 Liter Hubraum und einer Fahrzeuglänge von 7035 mm stand hier ein kompaktes 3-Tonnen-Modell mit 6100 mm Länge zur Verfügung.

Im November 1939 stellte KHD den Wehrmachts-Erprobungsstellen in Kummersdorf und in Wünsdorf (im Landkreis Teltow-Fläming) eine Vorserie von fünf Allrad-Lastwagen der Version A 330 zur Verfügung; wenig später erhielt die Reichspost 20 Modelle der Straßenausführung S 330 zur Erprobung. Zusammen mit Fahrzeugen weiterer Hersteller wurden die Dreitonner über Stock und Stein gejagt; darüber hinaus standen Kaltstarttests im Gebirge und in der Kältekammer auf dem Programm. Die A- und S 330-Modelle erfüllten überzeugend alle

Dipl.-Ing. Hans Hasselgruber.
(Foto: Iveco-Magirus-Archiv)

Das neue Typenprogramm

Wir bingen nachstehend mit Genehmigung des Generalbevollmächtigten für das Straßenwesen, Oberst von Schell, den unser Fachgebiet betreffenden Auszug aus den Ausführungsvorschriften zu der Verordnung über die Typenbegrenzung in der Kraftfahrzeugindustrie vom 2. März 1939

(„Deutscher Reichsanzeiger und Preußischer Staatsanzeiger" Nr. 66 vom 18. März 1939)

Auf Grund der Verordnung des Ministerpräsidenten Generalfeldmarschall G ö r i n g als Beauftragten für den Vierjahresplan vom 2. März 1939, betreffend die Typenbegrenzung in der Kraftfahrzeugindustrie, erlasse ich folgende Ausführungsbestimmungen:

Es werden hergestellt:

B) Lastkraftwagen

1 To. Nenn-Nutzlast

1 Haupttyp der Firma Carl F. W. Borgward mit Otto-Motor.

1½ To. Nenn-Nutzlast

1 Haupttyp der Firma Carl F. W. Borgward mit Otto- und Dieselmotor.
1 Haupttyp der Firma Daimler-Benz AG. mit Otto- und Dieselmotor.
1 Haupttyp der Firma Adam Opel AG. mit Otto-Motor.
(Dieser darf nur in einer jährlich von mir festzusetzenden Höchstzahl gebaut werden.)
1 Haupttyp der Firma Phänomen-Werke Gustav Hiller AG. mit Otto-Motor.
1 Haupttyp der Firma Steyer-Daimler-Puch AG. mit Otto-Motor.

3 To Nenn-Nutzlast

1 Haupttyp der Firma Carl F. W. Borgward mit Dieselmotor.
1 Haupttyp der Firma Daimler-Benz AG. mit Dieselmotor.
1 Haupttyp der Firma Ford Motor Company AG. mit Otto-Motor.
1 Haupttyp der Firma Adam Opel AG. mit Otto-Motor.
1 Haupttyp der Firma Stoewer-Werke AG. mit Dieselmotor.
(Für diesen Haupttyp behalte ich mir vor, die Konstruktionsart und den Zeitpunkt des Baubeginns zu bestimmen.)
1 Haupttyp der Firmen Klöckner-H.-Deutz AG., Magirus-Werke
und
Ringhoffer Tatra-Werke AG. mit Dieselmotor.
Herstellung nach der zwischen den beiden vorgenannten Firmen vereinbarten gemeinsamen Konstruktionen.

4½ To. Nenn-Nutzlast

1 Haupttyp der Firma Büssing NAG Vereinigte Nutzkraftwagen AG. mit Dieselmotor.
1 Haupttyp der Firmen Daimler-Benz AG.
und
Wiener Automobilfabrik AG. vorm. Gräf & Stift mit Dieselmotor.
Herstellung nach der zwischen den beiden vorgenannten Firmen vereinbarten gemeinsamen Konstruktion.
1 Haupttyp der Firmen Oesterr. Automobil-Fabriks AG. vorm. Austro-Fiat,
Klöckner-Humboldt-Deutz AG., Magiruswerke,
Maschinenfabrik Augsburg-Nürnberg,
Oesterr. Saurer-Werke AG. mit Dieselmotor.
Herstellung nach der zwischen den vorgenannten vier Firmen vereinbarten gemeinsamen Konstruktion, mit der einzigen Abweichung, daß der Firma Oesterr. Saurer-Werke AG. der Einbau des Saurer-Motors bis auf weiteres gestattet ist.
1 Haupttyp der Firma Henschel & Sohn G. m. b. H. mit Dieselmotor mit der Auflage, sobald als möglich in der Konstruktion den Anschluß an eine der vorgenannten drei Gruppen zu gewinnen.

6½ To. Nenn-Nutzlast

1 Haupttyp der Firma Büssing-NAG. Vereinigte Nutzkraftwagen AG. mit Dieselmotor.
1 Haupttyp der Firma Vomag Maschinenbau AG. mit Dieselmotor.
1 Haupttyp der Firmen Faun-Werke,
A. Froß-Büssing K.-G.,
Fried. Krupp AG.,
Maschinenfabrik Augsburg-Nürnberg mit Dieselmotor.
Herstellung nach der zwischen den vorgenannten vier Firmen vereinbarten gemeinsamen Konstruktion.

Anmerkung

Den Firmen Büssing-NAG Vereinigte Nutzkraftwagen AG. und Henschel & Sohn G. m. b. H. wird die Herstellung eines Dreiachsfahrgestells für Großraumomnibusse nach einer zu vereinbarenden gemeinsamen Konstruktion zugestanden.

E) Kleinlastkraftwagen

1. Dreiradfahrzeuge

Herstellung eines Haupttyps nach einer Einheitskonstruktion mit 650 kg Nennnutzlast und einem Hubraum bis 500 ccm.

2. Vierradfahrzeuge

Herstellung eines Haupttyps nach einer Einheitskonstruktion mit 650 kg Nennnutzlast und einem Hubraum von 500 ccm.

Den nachstehend genannten fünf Firmen wird die Herstellung eines der unter E 1 oder 2 aufgeführten Fahrzeugtyps zugestanden:
Framo-Werke G. m. b. H.,
Louis Manderbach & Co.,
OD-Werk Willy Ostner,
Standard Fahrzeugfabrik Wilh. Gutbrod,
Vidal & Sohn Tempowerk.

F) Anhänger für Lastkraftwagen und Motorschlepper

Nach einer Einheitskonstruktion mit folgenden Nenn-Nutzlasten:
1½ To.,
3 To.,
5 To.,
8 To. (11 To. Gesamtgewicht),
11 To. (16½ To. Gesamtgewicht).

G) Allgemeines

1. Soweit Kraftfahrzeuge, Motoren und Anhänger den Gruppen A bis F angehören, hat deren Herstellung zeitlich so einzusetzen, daß unter Vermeidung keiner Lücke in der Fabrikation ab 1. Januar 1940 nur noch die vorstehend aufgeführten Typen erstmalig zum Verkehr auf öffentlichen Straßen zur Zulassung gelangen.
2. Für die Abgrenzung der Begriffe Haupt-, Neben- und Sondertypen im Sinne dieser Ausführungsvorschriften gelten die Begriffsbestimmungen, die der Reichsverkehrsminister in einer Anweisung an die Reichsstelle für Typprüfung festlegen wird.
3. Eine Ausführungsvorschrift über Neben- und Sondertypen werde ich noch erlassen.
4. Im Ausland hergestellte Fahrzeuge werden von dieser Anordnung nicht berührt.

Berlin, den 15. März 1939.

Der Generalbevollmächtigte für das Kraftfahrwesen.
von Schell,
Oberst im Generalstab.

Der Schell-Plan. (Das Last-Auto, Pößneck, 1939)

80-PS-KHD-Wehrmachts-Lkw A 330 auf dem Kummersdorfer Versuchsgelände. (Foto: Iveco-Magirus-Archiv)

Serienausführung des A 3000 mit geändertem Seitenblech, Tarnbeleuchtung und Notek-Tarnscheinwerfer.

Bedingungen des Lastenheftes. Der Generalbevollmächtigte für das Kraftfahrwesen wies daraufhin dem KHD-Werk in Ulm in seinem verpflichtenden »Typenprogramm«, kurz »Schell-Plan« genannt, den Serienbau des technisch gelungenen Dreitonners zu und verpflichtete es auch, gemeinsam mit Henschel einen 4,5-Tonner zu entwickeln. Dieser wurde nur in wenigen Exemplaren mit Pritsche und Feuerwehraufbauten realisiert. Der Bedarf der Wehrmacht hingegen an universell einsetzbaren leichten Dreitonnern wie beispielsweise dem Opel-»Blitz« mit Vergasermotor war immens, und in Ulm war man daher vollauf beschäftigt, den Diesel-Dreitonner für das Militär zu fertigen.

Die Serienproduktion des Lkw startete im September 1940, wobei die ersten Serien noch an Privatkunden ausgeliefert wurden. Die Wehrmacht erhielt ab März 1941 die erste Serie des A 330 in Militärausführung, d. h. mit hohen Bordwänden, Halterungen für Zusatz-Dieselkanister und Notek-Tarnscheinwerfern. Mitte 1941 trat die klassische Schell-Typenbezeichnung »S 3000« bzw. »A 3000« an die Stelle der KHD-Kennung; jetzt ging aus der Typenbezeichnung die Nutzlast in Kilogramm hervor, was für die Lademeister der Wehrmacht von Interesse war.

Bis in das Jahr 1944 baute KHD den S-Typ in 10.684 Ausführungen als Pritschenwagen mit kurzem (3700 mm) und langem Radstand (4200 mm), als Pritschenwagen (mit eigener Pritsche) mit Holzgasantrieb, als Kipper, als Sattelzugmaschine, als Omnibus mit kurzem (4900 mm) und langem Radstand (5800 mm) und als Feuerwehr-Fahrzeug in den Versionen Löschgruppen-, Bekämpfungswagen von Chemieangriffen, Flugfeld-Kraftfahrspritze, Schlauchkraftwagen sowie als Tankspritzen- und Drehleiter-Fahrzeuge. Weitere 5963 Allradfahrgestelle kamen hinzu. Sie erhielten Kipp-, Pritschen- und Omnibusaufbauten, wobei lediglich fünf Allrad-Busse entstanden. In einer Spezialversion kamen noch 1741 Halbketten-Fahrzeuge (»Maultiere«) hinzu.

Die Luftkühlung soll Probleme lösen

Der Krieg verlief bekanntlich nicht so, wie es die NS-Führung geplant hatte. Die Kälte in Russland wie auch die Hitze in Nordafrika setzten den wassergekühlten Motoren der Lastwagen und Panzer zu. Insbesondere die Frostschäden waren immens, da das Frostschutzmittel Glysantin nur beschränkt verfügbar war. Außerdem kamen wassergekühlte Motoren nicht schnell genug auf Betriebstemperatur, weil da zuerst die im Kühlkreislauf zirkulierende Menge an Wasser vorgewärmt werden musste. Das beeinträchtigte die Verbrennung und erhöhte, wegen der Schwefelanteile im Diesel-Treibstoff, den Verschleiß an den Zylindern: Wassergekühlte

Serienausführung des SL 3000 Z mit Zündstrahl-Generator, Tarnbeleuchtung und Notek-Tarnscheinwerfer. (Foto: Iveco-Magirus)

Allrad-Omnibus O 3000 A mit 30 Sitzplätzen für die Staatsbahn der Slowakei »Slovenské Železnize«, 1942. (Foto: Iveco-Magirus-Archiv)

Fahrzeuge fielen somit schnell aus. In dieser prekären Lage forderte das Heereswaffenamt 1942 die Bildung einer »Arbeitsgemeinschaft der deutschen Industrie zur Entwicklung luftgekühlter Motoren« mit Sitz in Frankfurt am Main. Daimler-Benz, Klöckner-Humboldt-Deutz, MAN und Tatra (in der eingegliederten Tschechoslowakei) begannen mit der Entwicklung von luftgekühlten Dieselmotoren – das Beispiel Volkswagen schien die Überlegenheit dieses Kühlprinzips gegenüber einer Wasserkühlung zu bestätigen, doch außer der Zittauer Firma Phänomen – und dort auch nur in einigen Prototypen – hatte sich noch keine Hersteller an luftgekühlten Dieseln versucht. Neben der Marke Tatra im mährischen Nesselsdorf (heute Koprivnice) gelang es dem Chefkonstrukteur der Kölner Motorenabteilung, Dr. techn. h. c. Emil Flatz (1899 – 1989), eine überzeugende Lösung zu präsentieren, zumal man vor Kriegsbeginn schon erste Versuche mit luftgekühlten Triebwerken vorgenommen hatte. Im Oberurseler Motorenwerk konstruierte er den wassergekühlten S 300-Vierzylindermotor F 4 M 513 so um, dass ein standfester Wirbelkammer-Dieselmotor mit Luftkühlung entstand.

Er besaß verrippte Einzelzylinder und Einzelzylinderköpfte, einen birnenförmigen Brennraum und arbeitete nach dem Deutz-L´Orange-Wirbelkammerverfahren. Der Ölkühler befand sich im Luftstrom des Axial-Gebläses. Der Diesel-Vierzylinder hatte gegenüber dem wassergekühlten Diesel F 4 M 513 einen um zehn Millimeter größeren Kolbenhub, so dass der Hubraum auf 5,3 Liter anstieg. Mit der Luftkühlung war die Maschine zwar zunächst um fünfzehn PS schwächer als der im Standard-Dreitonner S 3000 verbaute Wasser-Diesel, da Emil Flatz das neue Triebwerk im Dauereinsatz schonen wollte. Der F 4 L 514 wog aber nur 489 Kilogramm. Die Gewichtseinsparung des F 4 L 514 betrug 101 Kilogramm gegenüber der Ausführung mit Wassermantel. Darüber hinaus sanken Material- und

O 3000 Behelfsomnibus mit langem Radstand und Verkleidung aus Delignitplatten, 1943.
(Foto: Iveco-Magirus-Archiv)

Arbeitsaufwand, so dass das Leistungsmanko hingenommen werden konnte. Nach dem Krieg verabschiedete sich dann auch KHD vom bisherigen Vorkammer-Verfahren für Neuentwicklungen und stellte das moderne Motorenprogramm auf das Wirbelkammer-Verbrennungsverfahren um, was Verbrauch und thermische Belastung senkte.

Aufgrund der immer prekärer werdenden Kriegslage musste KHD 1944 die Lkw-Fertigung einstellen, so dass der F 4 L 514 noch nicht seine Bewährungsprobe bewältigen konnte. Das Ulmer Werk musste seine seit 1941 durch Auslagerung

80-PS-KHD-Halbkettenfahrzeug »Maultier«, 1942 (Foto: Iveco-Magirus-Archiv)

und Bombenangriffen eingeschränkte Kapazität auf die Parallelmontage des von Porsche entwickelten »Raupenschlepper Ost/RSO« konzentrieren, der »für den Endsieg« von den Steyr-Werken in Graz übernommen werden musste. In über 600 Exemplaren bei KHD, Werk Ulm gebaut, war diese leichte Raupen-Zugmaschine das erste Fahrzeug mit dem luftgekühlten Vierzylinder-Dieselmotor.

Kriegsprodukte und zivile Ackerschlepper

Während des Krieges musste das Magirus-Werk auf Verfügung des Reichsministeriums für Rüstung und Kriegsproduktion verschiedene Rüstungsprodukte übernehmen. In dezentral angemieteten Hallen im ländlichen Gebiet, das man vor Bombenangriffen sicher wähnte, entstanden Kartuschen für Granaten, Waffenbehälter für Flugzeuge und Teile für die Düsenjäger-Fertigung bei Messerschmitt. Darüber hinaus musste Magirus 1943 einen Auftrag über die Montage von Ein- und Zweimann-U-Booten der Baureihen »Bieber« und »Seehund« übernehmen, die nur im Stammwerk aus zugelieferten Segmenten zusammengesetzt und getestet werden konnten.

Gegenüber der militärtechnischen Produktion musste das Ulmer Werk ab 1943 die Fertigung der 30- und 50-PS-»Stahlschlepper« übernehmen, nachdem das Kölner Traktorenwerk der KHD durch einen Luftangriff 1944 zu 75 Prozent ausgefallen war.

Abwendung der Demontage

Bei Kriegsende war das Magirus-Werk I zu 45, das Werk II zu 85 Prozent zerstört, allerdings waren verschiedene Fertigungsbereiche wie zum Beispiel der Motorenbau ausgelagert worden und blieben somit, abgesehen von der durch Bombenabwurf zerstörten Härterei, intakt. Im Mai 1945 wurde das Magirus-Werk von amerikanischen Soldaten besetzt, und Werksmitglieder durften an die Schuttbeseitigung sowie an das Sichten der vorhandenen Maschinen, Teile und Baugruppen gehen. Die Besatzungsoffiziere verschafften sich einen Überblick über die Produktionsbereiche für die Wehrmacht sowie über den Zustand des Werkes. Reparaturen an zivilen Automobilen und vornehmlich an US-Fahrzeugen genehmigten die Besatzungsoffiziere nach Besichtigung des Werkes im sogenannten »Motorpool«. Die amerikanische Militärverwaltung setzte wenig später das Unternehmen auf die Demontageliste, da das RSO-Modell und die Kleinst-U-Boote eindeutig als Kriegsmaterial eingestuft wurden. Die hartnäckige Überzeugungsarbeit der KHD-Ulm-Geschäftsleitung, die perfekt die englische Sprache beherrschte und sich in der amerikanischen Mentalität auskannte, konnte dies einerseits mit dem Argument abwenden, dass das Werk gezwungenerweise die Produktion durchgeführt und dass keine eigenständige Entwicklung stattgefunden hätte, da beispielsweise der fremde RSO eine Steyer-Konstruktion wäre. Andererseits argumentierte die Ge-

65-PS-Raupenschlepper RSO/03 mit luftgekühltem Dieselmotor, 1944.

schäftsleitung mit dem Hinweis auf die dringend notwendige, weiterzuführende Ackerschlepper-Montage, zumal der herumgeisternde, aber doch nicht realisierte Morgenthau-Plan, in dem das Deutsche Reich schwerpunktmäßig zu einem Agrarland umgewandelt werden sollte, die Einstellung der Amerikaner (vermutlich) prägte. Einige unbeschädigte Maschinen mussten jedoch an Frankreich abgeliefert werden.

Das Schlimmste war somit abgewendet worden, und der Neuanfang konnte beginnen. An erster Stelle stand der Acker- und Straßenschlepperbau, der nach Beseitigung der Kriegsschäden wieder anlief.

Der beachtliche Bestand an Baugruppen des RSO-Schleppers ließ sich als Unterbau für Fahrzeuge zur Trümmerbeseitigung und für den »neuen geländegängigen Waldschlepper« verwenden. Mit einer Lenkachse mit Luftreifen und einem Kettenlaufrad weniger wurde das Modell für den von Frankreich verfügten Kahlschlag im Schwarzwald eingesetzt.

Der nach Eschenbrunn ausgelagerte Motorenbau konnte im Herbst 1946 wieder in das Stammwerk zurückverlagert werden. Wenn auch Materialmangel ständig die Produktion beeinträchtigte, die ersten Hürden waren genommen.

Das Baukastensystem: Anders als die Konkurrenz

Foto: Ralf Weinreich

Weniger Teile, geringere Kosten

Die Entwicklung von Motoren-Konstrukteur Emil Flatz wurde zur Ausgangsbasis des Nachkriegs-Motorenbaus. Er hatte die luftgekühlten Motoren von Anfang an für die kostengünstige Großserienproduktion konzipiert. Durch verschiedene Kurbelgehäuse und durch das Aufsetzen der Zylinderrohre mit Kühlrippen und den Zylinderköpfen konnten Baukastenmotoren für Lkw und Industrie von einem bis zwölf Zylindern mit weitgehend einheitlichen Teilen hergestellt werden. Auch die Reparatur eines defekten Zylinders war erheblich vereinfacht worden. Weitere Pluspunkte waren die überzeugende Betriebsunempfindlichkeit gegenüber Hitze und Kälte. Darüber hinaus erreichte der Motor schnell seine Betriebstemperatur, was das Absetzen von kondensierten schwefelhaltigen Säuren an den Zylinderrohren verhinderte. Und im Leerlauf wurde die Maschine durch die angesaugte Luftmenge ausreichend gekühlt. Der Verzicht auf einen Kühlwasserkreislauf sparte nicht nur Gewicht (»Luft wiegt nichts«, erklärte Magirus-Deutz, und »gibt es überall«), sondern auch Wartungskosten und Ersatzteile. Ebenso gern verwies das Unternehmen auf seinen ausgeklügelten Motorenbaukasten: Praktisch alle Komponenten und Baugruppen wie Zylinderköpfe, die einzelnen Zylinder, Kolben, Pleuelstangen, Düsen und Ölpumpen waren untereinander austauschbar. Das erleichterte die Ersatzteillogistik, senkte die Stückkosten und auch den Reparaturaufwand, denn bei Motorreparaturen musste meist nicht der komplette Motor ausgebaut werden, sondern jeder Zylinder konnte einzeln angefasst werden. Und dabei musste noch nicht einmal auf ein Kühlsystem wie auf den konventionellen Wasserkreislauf mit Kühler, Schläuchen und Wasserpumpe mitsamt Antrieb Rücksicht genommen werden.

DEUTZ
-40°c
DIESEL
DEUTZ
FL
+60°c

Die Motoren

Erste Vertreter dieser neuen Fertigungsphilosophie waren die Reihenmotoren der Baureihe 514. Es gab sie mit vier und sechs Zylindern. Der kleinste Vertreter der Baukastenfamilie war der aus der Kriegszeit stammende F 4 L 514, ein Reihen-Vierzylinder mit 110 mm Bohrung und 140 mm Hub. Der Zylinder bestand aus »Spezial-Gusseisen«, wie KHD verlauten ließ, der Zylinderkopf aus Leichtmetall. Der Leichtmetallkolben mit drei Verdichtungs- und zwei Abstreifringen stammte von Mahle in Stuttgart, beziehungsweise von Nüral in Nürnberg. Die Verdichtung lag jeweils bei 17,8:1. Die Kurbelwelle aus Spezial-Grauguss war gleitgelagert, das Gussgehäuse war unterhalb der Lagerebene geteilt. Die Nockenwelle liefe ebenfalls in Gleitlagern und ihr Antrieb erfolgte über Zahnräder. Die Gaswechsel erledigten zwei senkrecht hängend Ventile; die Betätigung erfolgte über Stößel, Stoßstangen und Kipphebel. Die 12-Volt-Bordelektrik lieferte Bosch zu; die Glühkerze stammte ebenfalls von diesem Zulieferer oder der auch in Stuttgart ansässigen Firma Beru. Jeder der stark verrippten Zylinder hatte einen Hubraum von 1,33 Litern, beim Vierzylinder betrug folglich der Gesamthubraum 5322 cm³ bei einer Leistung ab 1949 von 85 PS. Er war in den leichten Lastwagen mit bis zu 7,5 t Gesamtgewicht zu finden.

Auf dem Pariser Salon 1951 erschien dann eine zweite Baureihe von luftgekühlten Fahrzeug-Diesel-Triebwerken für mittlere und schwere Lastwagen. Bei der 614-Familie handelte es sich um 90-Grad-V-Motoren mit sechs, acht oder zwölf Zylindern und zentraler Bosch-Einspritzpumpe oben im V-förmigen Gabelbereich. Der kleine V6 kam auf ein Volumen von acht Litern, der V8 auf 10,6 Liter, und V12 hatte 16 Liter. Das Leistungsspektrum reichte von 112 PS über 175 PS bis 250 PS. Die Wärmeabfuhr erfolgte über ein Kühlgebläse und Windleitbleche; die angesaugte Frischluft wurde auf die einzelnen Zylinder gelenkt und dann unterhalb der Auspuffkrümmer abgeleitet. Das Gebläse lief mit dreifacher Motordrehzahl. Angetrieben wurde das axial arbeitende Gebläse bei den Reihenmotoren mittels zweier Keilriemen, bei den V-Motoren über Zahnräder von der Kurbelwelle aus, später dann hydraulisch. Dazu kam ein Ölkühler, der sich wie beim VW-Käfer im Luftstrom des Gebläses befand.

← Werbeanzeige zum luftgekühlten Motor, 1951.

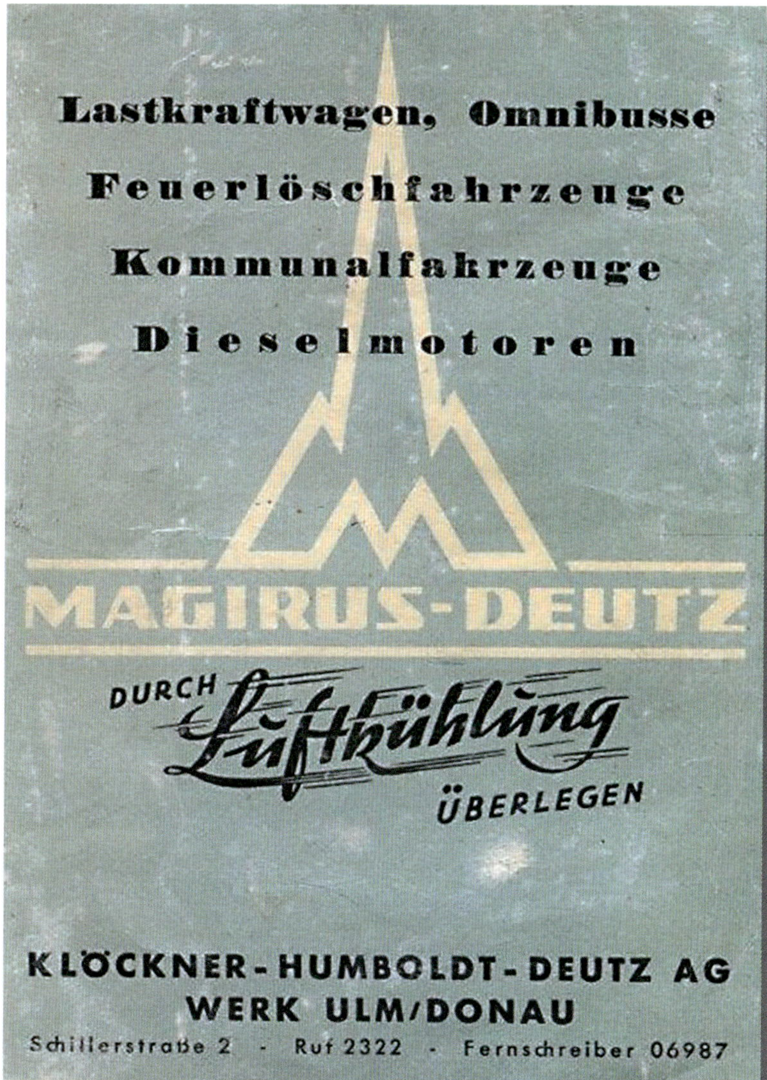

Werbeblatt zum KHD-Programm, 1952.

Die V-Anordnung ergab sich aus dem angedachten Verwendungszweck: Die neue Baureihe sollte nicht nur, wie bei einem Hauber, vor der Kabine untergebracht werden können, sondern beim Frontlenker unter die Sitzbank und bei Omnibussen in das Heck passen. Daher mussten auch großvolumige Motoren möglichst kompakt gehalten werden und eine geringe Baulänge aufweisen.

Thermische Probleme waren anfangs dennoch nicht ausgeschlossen, insbesondere wenn das Fahrzeug eine Gefällestrecke mit hoher Geschwindigkeit befuhr. Mitunter rissen die Zylinderkopfdichtungen, was später durch Kupfereinlagen verhindert wurde – allerdings fiel ein Magirus selbst bei einem Dichtungsriss nicht gleich aus, denn die anderen Zylinder liefen ja weiter. Und als größten Kritikpunkt führten Verkäufer der Konkurrenzprodukte und Autotester

Luftkühlung oder 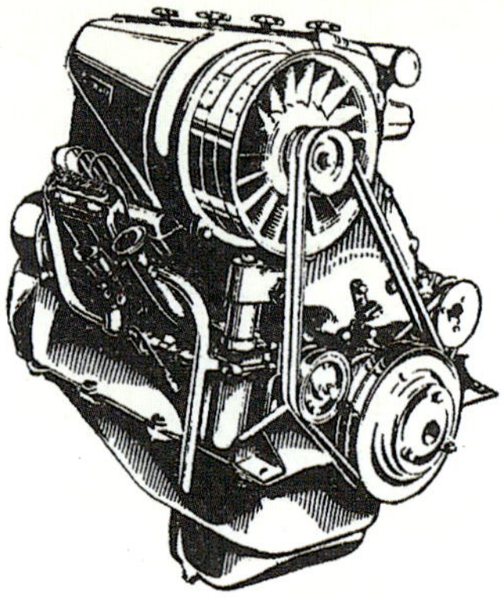 Wasserkühlung?

Es laufen immer mehr MAGIRUS-Kraftfahrzeuge mit luftgekühltem DEUTZ-Dieselmotor. Warum? Die Vorteile sind für den Kenner überzeugend.

1. Schon durch die Einfachheit der Wartung ist der luftgekühlte Dieselmotor dem wassergekühlten weit überlegen.
2. Frostrisse im Motorgehäuse und in den Zylinderköpfen fallen selbst beim Aufstellen im Freien weg. Garagenheizung ist überflüssig.
3. Kein Ärger, kein Zeitverlust mehr durch Wasserablassen am Abend und Auffüllen von heißem Wasser am Morgen.
4. Teuere Frostschutzmittel, die dauernde Kontrolle bedingen, gehören der Vergangenheit an.
5. Vermeidung von Ablagerungen von Kesselstein und somit auch keine Verstopfung von Rohrleitungen und Kühler.
6. Wegfall von Undichtigkeiten am Kühler, Wasserpumpe und Rohrleitungen.
7. Kein Eindringen des Wassers in die Zylinder und in den Kurbelraum, dadurch keine Wasserschläge mit ihren verheerenden Folgen.
8. Kein Verdampfen des Wassers infolge schlechter, durch Fett oder Kesselstein verstopfter Kühler und kein Kochen des Kühlwassers bei Fahrten im Gebirge.
9. Schnellere Betriebsbereitschaft durch Wegfall eines vorher zu erwärmenden Wassermantels.
10. Geringerer Kraftstoffverbrauch bei kleiner Belastung und geringerer Schmierölverbrauch durch längere Haltbarkeit des Öles.
11. Geringerer Zylinderverschleiß und somit wesentlich höhere Lebensdauer des luftgekühlten Motors gegenüber dem wassergekühlten durch höhere Zylinderwandtemperatur. (Weitgehende Unempfindlichkeit gegen schwefelhaltige Kraftstoffe.)
12. Das Verbrennungsverfahren mit der DEUTZ-Wirbelkammer sichert leichtes Anspringen des Motors selbst bei Temperaturen von — 40° bis + 60°

Leistung, Sicherheit, Wendigkeit, Schnelligkeit, Wirtschaftlichkeit und Bequemlichkeit sind die hervorragenden Eigenschaften des

MAGIRUS-Lastwagen Typ S 3500

durch Luftkühlung überlegen

Unverbindliche Auskunft erteilen alle MAGIRUS-Verkaufsstellen und Händler

KLÖCKNER-HUMBOLDT-DEUTZ AG.

MAGIRUS
WERK ULM-DONAU

Die Vorteile des luftgekühlten Motors für den S 3500, 1951.

die enorme Lärmentfaltung des Motors durch das Kühlgebläse an. Den Magirus-Deutz-Motortechnikern gelang es allerdings, die Geräuschentfaltung durch ständig verbesserte Isolierungsmaßnahmen und seit den achtziger Jahren durch eine Kapselung des Triebwerks nahezu zu beseitigen.

Nachdem 1958 die neue Motorenbaureihe 714 eingeführt worden war, stand erstmals auch ein V10-Zylinder zur Verfügung. Am grundsätzlichen Aufbau, also auch an der Luftkühlung, änderte sich nichts. Die wichtigste Neuerung bestand in einer Änderung der Kubaturen, so wurde die Zylinderbohrung von 110 auf 120 mm erhöht und die Verdichtung auf 19:1 gesteigert. Dies erlaubte eine wesentliche Erhöhung der Leistungsausbeute; die neuen Motoren deckten einen Leistungsbereich von bis zu 235 PS ab. Diese Umstellung war notwendig geworden, weil der Fernverkehr Mitte der 1960er Jahre höhere PS-Zahlen erforderte; und der Gesetzgeber eine Mindestleistung von 6 PS/t vorschrieb. Damit begann die Ablösung der bisherigen luftgekühlten Wirbelkammer-Diesel, die bis 1969 vom Band liefen.

Dem Trend der Motorenhersteller, vom Vor- oder Wirbelkammersystem zur Direkteinspritzung überzugehen, kam Deutz ab 1964 mit der Vorstellung einer neuen Motor-Generation nach. Die neuen Motoren zeichneten sich durch einen geringeren Treibstoffverbrauch aus. Mit Flammglühkerzen wurde die Kaltstartfähigkeit verbessert und die verschleißanfälligen Glühkerzen entfielen. Der Zahnradantrieb des Gebläses wich einem hydrostatischen Antrieb, der erst bei Bedarf in Funktion trat und dem Fahrer wurde das Steuern durch eine Lenkhydraulik erleichtert.

Die Umstellung auf Direkteinspritzung betraf zunächst die großen Sechs- und Achtzylinder der Fahrzeuge der neun D-Baureihen mit einer auf 135, 180 und 210 PS gestiegenen Leistung, Premiere zur IAA 1965. Die fast quadratisch ausgelegten Aggregate (B x H: 115 x 120 mm, Hubraum 1,3 L) waren leiser als jeder andere Deutz-Diesel zuvor, die Werbung sprach von »Flüster-Dieseln«, und die Presse bestätigte einmal mehr, dass die Luftgekühlten in Sachen Geräuschemissionen kaum schlechter abschnitten als die flüssiggekühlten Diesel. Der nächste logische

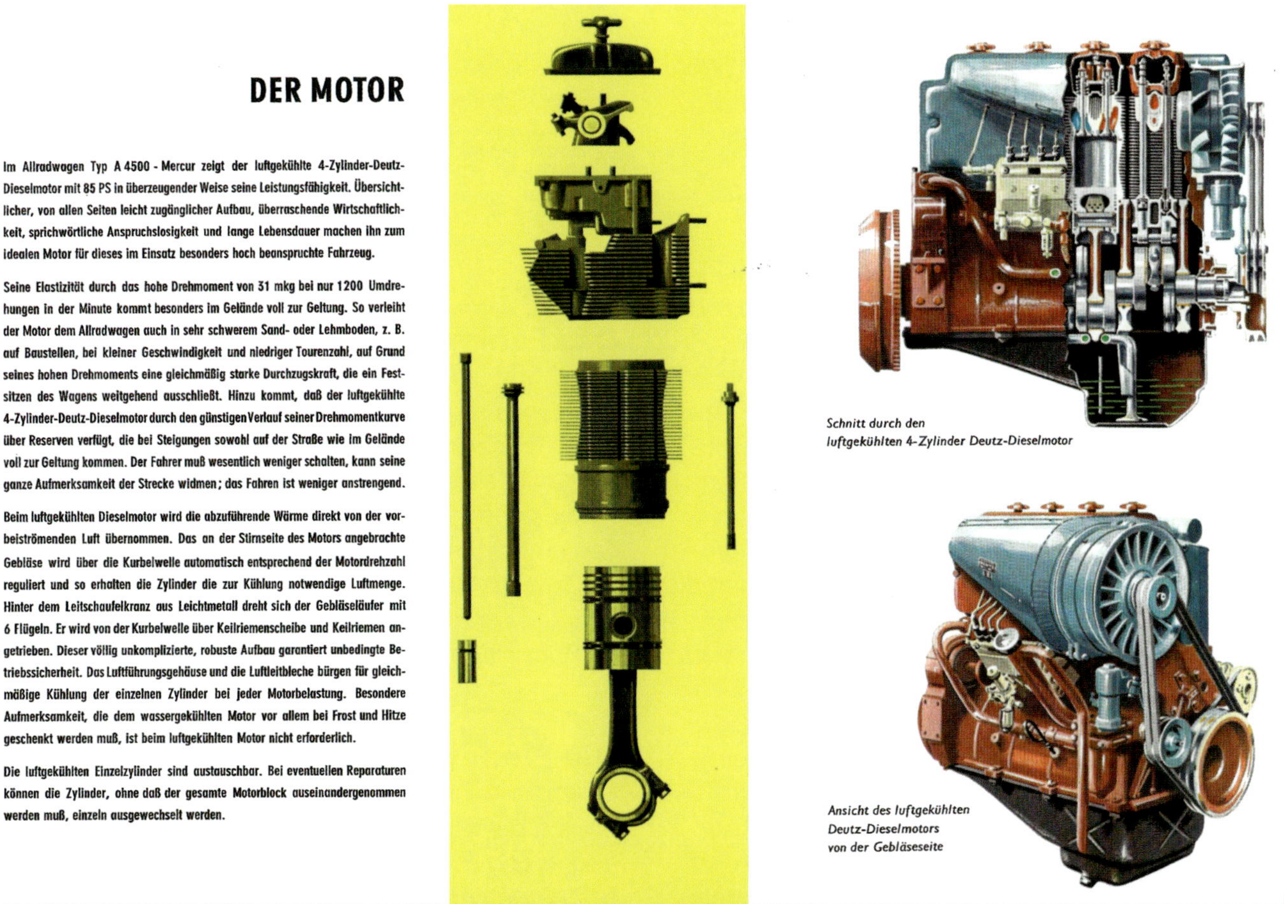

DER MOTOR

Im Allradwagen Typ A 4500 - Mercur zeigt der luftgekühlte 4-Zylinder-Deutz-Dieselmotor mit 85 PS in überzeugender Weise seine Leistungsfähigkeit. Übersichtlicher, von allen Seiten leicht zugänglicher Aufbau, überraschende Wirtschaftlichkeit, sprichwörtliche Anspruchslosigkeit und lange Lebensdauer machen ihn zum idealen Motor für dieses im Einsatz besonders hoch beanspruchte Fahrzeug.

Seine Elastizität durch das hohe Drehmoment von 31 mkg bei nur 1200 Umdrehungen in der Minute kommt besonders im Gelände voll zur Geltung. So verleiht der Motor dem Allradwagen auch in sehr schwerem Sand- oder Lehmboden, z. B. auf Baustellen, bei kleiner Geschwindigkeit und niedriger Tourenzahl, auf Grund seines hohen Drehmoments eine gleichmäßig starke Durchzugskraft, die ein Festsitzen des Wagens weitgehend ausschließt. Hinzu kommt, daß der luftgekühlte 4-Zylinder-Deutz-Dieselmotor durch den günstigen Verlauf seiner Drehmomentkurve über Reserven verfügt, die bei Steigungen sowohl auf der Straße wie im Gelände voll zur Geltung kommen. Der Fahrer muß wesentlich weniger schalten, kann seine ganze Aufmerksamkeit der Strecke widmen; das Fahren ist weniger anstrengend.

Beim luftgekühlten Dieselmotor wird die abzuführende Wärme direkt von der vorbeiströmenden Luft übernommen. Das an der Stirnseite des Motors angebrachte Gebläse wird über die Kurbelwelle automatisch entsprechend der Motordrehzahl reguliert und so erhalten die Zylinder die zur Kühlung notwendige Luftmenge. Hinter dem Leitschaufelkranz aus Leichtmetall dreht sich der Gebläseläufer mit 6 Flügeln. Er wird von der Kurbelwelle über Keilriemenscheibe und Keilriemen angetrieben. Dieser völlig unkomplizierte, robuste Aufbau garantiert unbedingte Betriebssicherheit. Das Luftführungsgehäuse und die Luftleitbleche bürgen für gleichmäßige Kühlung der einzelnen Zylinder bei jeder Motorbelastung. Besondere Aufmerksamkeit, die dem wassergekühlten Motor vor allem bei Frost und Hitze geschenkt werden muß, ist beim luftgekühlten Motor nicht erforderlich.

Die luftgekühlten Einzelzylinder sind austauschbar. Bei eventuellen Reparaturen können die Zylinder, ohne daß der gesamte Motorblock auseinandergenommen werden muß, einzeln ausgewechselt werden.

Schnitt durch den luftgekühlten 4-Zylinder Deutz-Dieselmotor

Ansicht des luftgekühlten Deutz-Dieselmotors von der Gebläseseite

Schnitt- und Ansichtsdarstellung des luftgekühlten Vierzylindermotors.

Depuis 1948, tous les véhicules utilitaires Magirus Deutz sont équipés des moteurs Diésel Deutz puissants, à refroidissement par air.
Au début 1960, la production s'élevait à 400000 moteurs en chiffres ronds, représentant un total de 20 millions de PS. Sur cette quantité, plus de 75000 moteurs ont été adaptés sur des véhicules utilitaires Magirus Deutz.

LE MOTEUR

Le refroidissement par air des moteurs Diésel Deutz repose sur le principe d'une soufflerie produisant un courant d'air qui vient effleurer les cylindres en absorbant directement la chaleur engendrée. Les cylindres peuvent se remplacer séparément, ce qui constitue une diminution des délais de réparation, ainsi qu'une diminution des frais de réparation.
Les bennes 4 roues motrices Magirus Deutz sont équipés des moteurs suivants:
Mercur A–K: moteur en ligne 4 cylindres F4L 514 – puissance 85 CV – couple maximum 31 mkg à 1200 tm.
Mercur 120 A–K et Saturn A–K: moteur 6 cylindres en V F6L 613 – puissance 120 CV – couple maximum 38 mkg à 1500 tm
Saturn 145 A–K: moteur 6 cylindres en V – F6L 714 puissance 145 CV – couple maximum 52 mkg à 1200 tm.
Jupiter AHD–K et AHDE–K: moteur 8 cylindres en V – F8L 614, puissance 170 PS – couple maximum 62 mkg à 1200 t/m
– la benne type Carrière 3 essieux, 6 roues motrices, Uranus 170 AE – Ce véhicule spécial très renommé est également équipé du moteur 8 cylindres en V – F8L 614.

Les moteurs Diésel Deutz à refroidissement par air se sont parfaitement comportés dans le monde entier et dans les conditions les plus dures. La robustesse proverbiale du moteur Diésel Deutz, son insensibilité à la chaleur et au froid, son fonctionnement économique et son entretien facile, en font le groupe de transmission idéal pour un véhicule utilitaire. Le nombre de véhicules ayant parcouru sans révision 200000 kms et plus, augmente sans cesse.

Französisches Werbeblatt zu den Vorteilen der luftgekühlten Motoren.

Schritt bestand in der Einführung der Turbo-Aufladung. Höhe- und Endpunkt dieser Entwicklung war 1987 der Motor mit der Kennung BF 10 L 413F. Dieser luftgekühlte Turbo-Zehnzylinder mit zuletzt 360 PS bei 2050 Umdrehungen befeuerte den Frontlenker-Sattelschlepper-Typ 190-36 AT.

Der luftgekühlte Sonderweg, den Magirus-Deutz mit großer Zähigkeit beschritt (Schon im Februar 1951 war der 15.000ste luftgekühlte Motor ausgeliefert worden.) wurde über die Jahrzehnte von der Presse sehr beifällig begleitet: Nahezu jeder Testbericht der 1950er Jahre hebt die Vorzüge des Konzeptes hervor: »Tatsache ist, dass Magirus in der Lage ist, prozentual, ob in den Tropen oder im kalten Norden, dieselben Erfolge und Laufzeiten nachzuweisen wie die Hersteller wassergekühlter Motoren«. Zu den großen Pluspunkten gehörten die großen Kraftreserven und die hohe Elastizität der Triebwerke, Magirus-Lkw ließen sich sehr schaltfaul fahren. In den ersten Jahren galten die Deutz-Diesel wegen ihrer Luftkühlung etwas leistungsschwächer als gleichvolumige Aggregate mit Wasserkühlung, durstiger und lauter, so galten diese Vorbehalte spätestens seit Mitte des Jahrzehnts – innermotorische Maßnahmen, eine neue Einspritzpumpe mit automatischer Spritzverstellung und Änderungen an Kühlluftgebläse hatten für Besserung gesorgt – nicht mehr: »Wir, die wir heute hinter dem Steuer eines wassergekühlten und morgen hinter dem eines luftgekühlten Motors sitzen, müssen zugeben, dass kein großer Unterschied bezüglich der Laufruhe mehr festzustellen ist«. Bis zur Produktionseinstellung 1993 waren über 550.000 luftgekühlte Motoren entstanden!

Das Fahrwerk

Die Rahmenkonstruktion orientierte sich, abgesehen von den verschiedenen einnietbaren Mittelstücken, am 3-Tonner des Schellplanes: Der Glattrahmen war über der Hinterachse etwas gewölbt. Ein Hilfsrahmen aus Buchenholz nahm die Pritsche auf. Ab der Baureihe S 5500 Saturn nutzte Magirus-Deutz einen aus zwei U-Profil-Längsträgern und Querträgern genieteten Leiterrahmen; bis zur Aufgabe der Eckhauber-Baureihen wurde diese Gestaltung beibehalten.

Die Planetenachse

Eine Schwachstelle der Schwerlaster und der Linienomnibusse stellte in den frühen fünfziger Jahren, also in der Wiederaufbauzeit der Bundesrepublik, der Antrieb (gewöhnlich) der Hinterachse dar. War der Lastwagen überladen, was beim Abtransport

der Schuttberge und bei der Anlieferung des Baumaterials leicht geschehen konnte, brachen mitunter die Zahnflanken im Differential ab. Bei Omnibussen passierte dies mitunter im Berufsverkehr, wenn das Fahrzeug ebenfalls überladen war. Eine Lösung dieses Problems stellte bei den MAN-Fahrzeugen die Verwendung einer Trag- und einer Antriebsachse dar. Die Magirus-Deutz-Ingenieure nutzen eine neue, überzeugende Technik: Die Antriebsachshälften besaßen im Radantrieb ein Planeten-Radvorgelege, das die Drehzahl der Antriebswelle über dieses System mit Antriebsritzel, drei Planetenräder und einem innenverzahnten Rad (Sonnenrad) für die Aufnahme der Radfelge reduzierte und damit gleichzeitig das Drehmoment erhöhte. Das Übersetzungsverhältnis der Achse lag damit bei 1:5. Das Differentialgehäuse konnte aufgrund des kleineren Tellerrades kompakter ausgeführt werden, so dass das Aufsetzen der Hinterachse auf unebenem Gelände vermieden wurde. Abrisse der Zahnräder im Differential wurden somit vermieden, wenn auch auf der anderen Seite die Antriebsachse schwerer und in der Herstellung aufwändiger und somit teurer wurde. Äußerlich waren die damit versehenen Modelle an dem großen Durchmesser der Abdeckung der Radnabe zu erkennen. Magirus-Deutz nutzte diese Technik erstmals 1953 im Allrad-Eckhauber A 6500 und ein Jahr später im schweren, dreiachsigen Geländelaster A 12000, wobei hier nur die Vorderachse mit dem Planetenantrieb versehen wurde.

Erst Mitte der siebziger Jahre konstruierten Daimler-Benz und MAN auf Anregung des Bundesverteidigungsministeriums eine Planetenachse für ihre Baustellen- und Militärlaster, die damit bis heute den extremen Anforderungen im Gelände gewappnet sind.

Der Begriff »Planeten« inspirierte die Ulmer Werbeabteilung, die einzelnen Baureihen ab 1954 mit den Namen einiger Planeten zu bezeichnen. Nach zehnjährigem Usus ging man wieder davon ab und kennzeichnete die Baureihen mit der maximalen PS-Leistung, einem »D« für Direkteinspritzmotor, einer ein- oder zweistelligen Zahl für das zulässige Gesamtgewicht in Tonnen. Anschließend folgten Buchstaben für die Bauversion des Fahrzeugs.

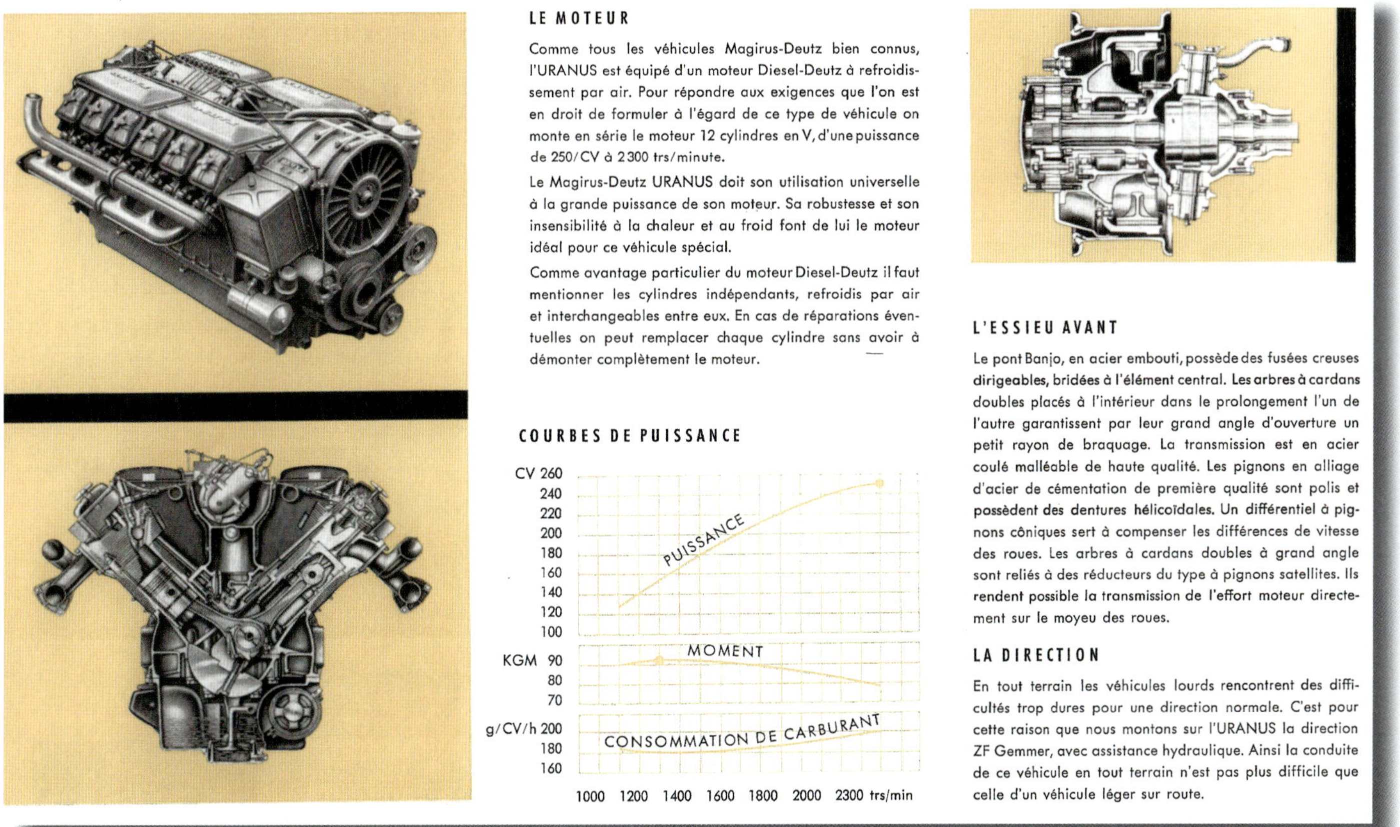

LE MOTEUR

Comme tous les véhicules Magirus-Deutz bien connus, l'URANUS est équipé d'un moteur Diesel-Deutz à refroidissement par air. Pour répondre aux exigences que l'on est en droit de formuler à l'égard de ce type de véhicule on monte en série le moteur 12 cylindres en V, d'une puissance de 250/CV à 2300 trs/minute.

Le Magirus-Deutz URANUS doit son utilisation universelle à la grande puissance de son moteur. Sa robustesse et son insensibilité à la chaleur et au froid font de lui le moteur idéal pour ce véhicule spécial.

Comme avantage particulier du moteur Diesel-Deutz il faut mentionner les cylindres indépendants, refroidis par air et interchangeables entre eux. En cas de réparations éventuelles on peut remplacer chaque cylindre sans avoir à démonter complètement le moteur.

COURBES DE PUISSANCE

L'ESSIEU AVANT

Le pont Banjo, en acier embouti, possède des fusées creuses dirigeables, bridées à l'élément central. Les arbres à cardans doubles placés à l'intérieur dans le prolongement l'un de l'autre garantissent par leur grand angle d'ouverture un petit rayon de braquage. La transmission est en acier coulé malléable de haute qualité. Les pignons en alliage d'acier de cémentation de première qualité sont polis et possèdent des dentures hélicoïdales. Un différentiel à pignons côniques sert à compenser les différences de vitesse des roues. Les arbres à cardans doubles à grand angle sont reliés à des réducteurs du type à pignons satellites. Ils rendent possible la transmission de l'effort moteur directement sur le moyeu des roues.

LA DIRECTION

En tout terrain les véhicules lourds rencontrent des difficultés trop dures pour une direction normale. C'est pour cette raison que nous montons sur l'URANUS la direction ZF Gemmer, avec assistance hydraulique. Ainsi la conduite de ce véhicule en tout terrain n'est pas plus difficile que celle d'un véhicule léger sur route.

Französisches Werbeblatt zum Zwölfzylindermotor sowie zur Planetenachse.

DEUTZER OEL GESELLSCHAFT MBH

Verkaufsstelle Hamburg

Zahlstellen: Landeszentralbank Köln
Rhein.-Westf. Bank Köln 22136 D
Postscheck-Konto: Hamburg 11 5555

Deutz Oel

Fernsprecher: 24 24 20
Drahtanschrift: Deutzoel Hamburg
Postanschrift: Hamburg 1, Grünerdeich 92

Abs.: Deutzer Oel Gesellschaft, Hamburg 1, Grünerdeich 92

Firma
Kähler & Horn

Kiel
- - - - -

Weissenburgerstr.

Verkaufsstellen:	Fernsprecher:
Dortmund, Körner Hellweg 142	5 30 46
Engers/Rh., Bendorfer Straße	Bendorf 540
Frankfurt a. M., Leibbrandstraße 11-15	4 20 51/52
Hamburg 1, Grünerdeich 92	24 24 20
Hannover-Linden, Fössestraße 103	4 10 51/53
München 8, Rosenheimer Straße 145	4 23 22/23
Nürnberg-W, Spittlertorgraben 49	62 531
Stuttgart-13, Ulmer Straße 172	4 0544/45
West, Köln-Mülheim, Wiener Platz 5	1 14 69

Ihr Zeichen .... Ihre Nachricht vom: .... Unser Zeichen Ga. Hamburg 1, den 25.7.50

Betrifft:

Kein DEUTZ-MOTOR ohne DEUTZ-OEL!

Sie erhielten vor kurzem ein Magirus-Omnibus-Fahrgestell Typ O 3000 mit DEUTZ-Diesel-Motor F4L 514 und wir empfehlen Ihnen hierfür, wie auch in der Werksbedienungsanleitung auf Seite 15 vermerkt, die Verwendung von

DEUTZ-OEL, Motoren-Oel für Lastkraftwagen und Omnibusse.

DEUTZ-OEL, Motoren-Oel ist das Ergebnis einer 50jährigen Erfahrung. DEUTZ-OEL wurde in engster Zusammenarbeit mit der Motorenindustrie ausgewählt und wird auf den Prüfständen derselben dauernd kontrolliert. Alle Erfahrungen der langjährigen Entwicklungszeit des Dieselmotores bis zu dem neuen in Ihrem o. a. neuen Omnibus eingebauten luftgekühlten Typ F4L 514, der als außerordentliche Leistung im internationalen Motorenbau rangiert, konnten in der Herstellung und Auswahl der DEUTZ-Motoren-Oele verwendet werden.

Zur Vermeidung von unliebsamen Störungen und im Interesse der Erhaltung einer langen Lebensdauer Ihrer neuen Maschine raten wir Ihnen, nur die an dem Motor ausprobierten DEUTZ-Motoren-Oele zu verwenden, die jederzeit einen einwandfreien Betrieb gewährleisten.

Für die jetzige Jahreszeit empfehlen wir unser

DEUTZ-Motoren-Oel - Marke AB 1

Die Preise liegen im Rahmen der sonstigen am Markt befindlichen Marken-Oele; bei Abschluß Ihrer Bedarfsmenge für einen bestimmten Zeitraum sind wir darüber hinaus in der Lage, Ihnen noch besondere Preisvorteile zu bieten und wir bitten höflichst um die Bekanntgabe Ihrer Wünsche.

Auch in Getriebe-Oel und Fetten unterhalten wir ständig ein größeres Lager.

Wir hören gerne weiter von Ihnen und empfehlen uns

hochachtungsvoll

Deutzer Oel-Gesellschaft mbH.
Verkaufsstelle Hamburg

10481 H

Werbebrief »Kein DEUTZ-MOTOR ohne DEUTZ-OEL!«

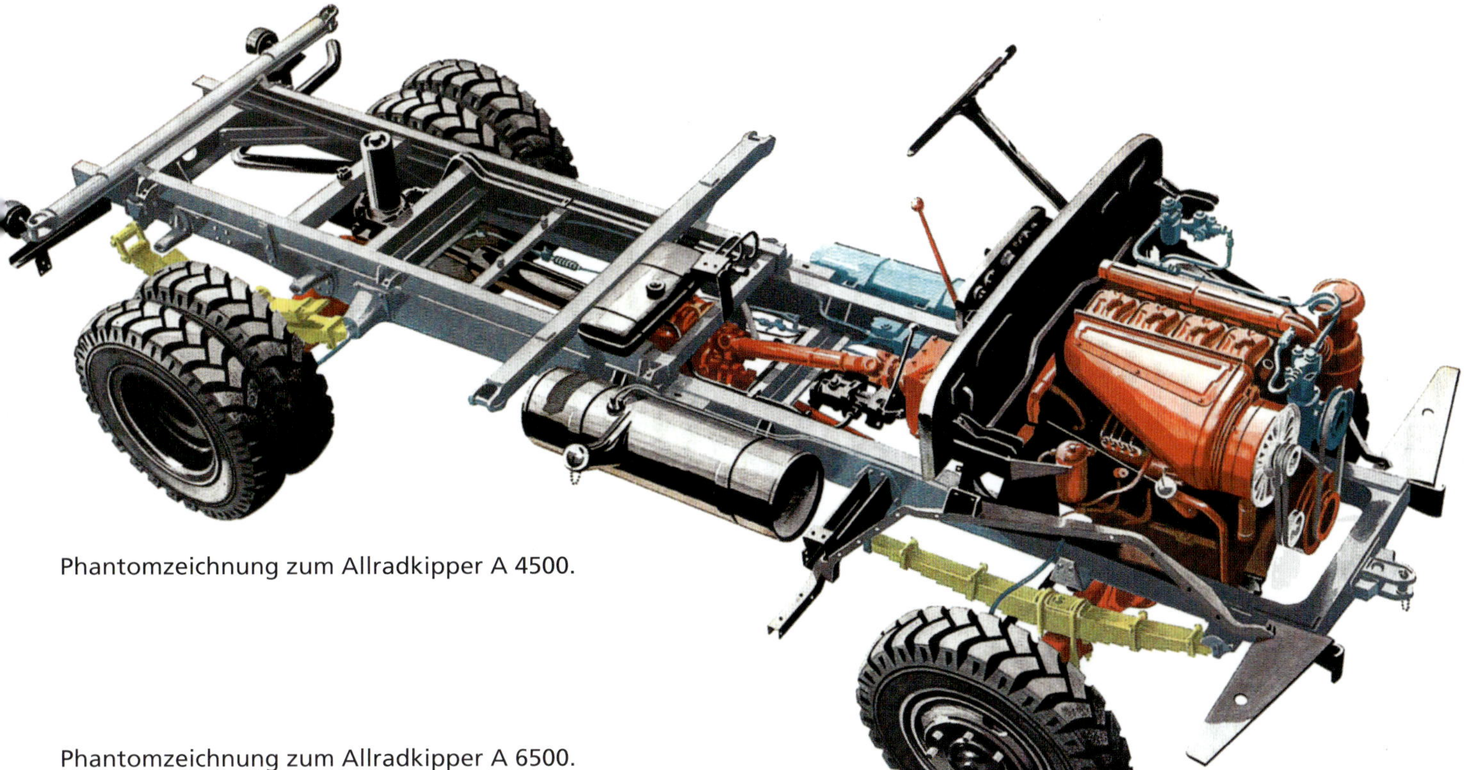

Phantomzeichnung zum Allradkipper A 4500.

Phantomzeichnung zum Allradkipper A 6500.

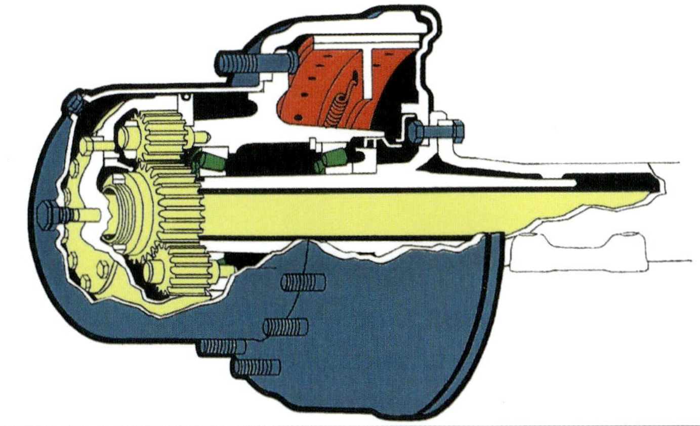

Darstellung der Planetenachse.

Darstellung des Antriebsstranges und des Abtriebes.

Die Kabinen

Über jegliche Kritik erhaben zeigte sich auch die Kabine: Sie bot ein bemerkenswert hohes und für die Zeit ganz und gar ungewöhnliches Maß an Fahrkomfort. Über Jahrzehnte hinweg war die Fahrerhaus-Kabine, salopp auch Hütte genannt, ein Stiefkind bei der LKW-Konstruktion gewesen: Ein notwendiges Übel für den Bediener und widerwilliges Zugeständnis für den Frachtkutscher. Und je mehr Platz diesem zugestanden wurde, desto mehr Abstriche mussten bei der Transportleistung gemacht werden: je aufwändiger die Führerstand-Gestaltung, desto höher deren Gewicht und desto wenig Frachtgewicht. Bis Anfang der 1920er Jahre war sogar ein offener Führerstand normal, mit einer Segeltuch-Plane notdürftig gegen die Witterungsunbilden abzudichten.

Von Anfang der Zwanziger bis Mitte der 1930er Jahre bestanden Fahrerhäuser gemeinhin dann aus einem mit Blech beplankten Holzgerüst. Firmen wie Büssing – und auch Magirus-Deutz – bauten ihre Fahrerhäuser in dieser Gemischtbauweise. In der Regel bestand der Unterbau aus Esche. Diese Holzsorte war hart, hoch belastbar und daher für den Karosseriebau sehr geeignet, musste allerdings gut geschützt werden, um nicht wegzurotten (was aber unweigerlich passierte). Aerodynamik oder Ästhetik spielten bei der Gestaltung zunächst keine Rolle, erst in der zweiten Hälfte des Jahrzehnts, zusammen mit der allmählichen Umstellung auf eine Ganzstahl-Bauweise, zeichnete sich ein Umdenken ab. Der Krieg brachte diese Tendenzen zum Erliegen.

Im Grunde genommen entsprachen die Fahrerhäuser der Nachkriegs-Typen daher den Kabinen aus Vorkriegstagen. Doch diese zwei Jahrzehnte alte Lösungen galten inzwischen als nicht mehr zeitgemäß, und für Fernfahrer waren sie vollends ungeeignet. Rühmliche Ausnahme bildete die Kabine von Magirus, die als »sehr geräumig« galt und durch die breiten Türen den Einstig erleichterte. Außerdem gab es eine Warmluftheizung, wenn auch keine Belüftung: Wie bei allen Lastwagen der Fünfziger waren die mangelhaften Be- und Entlüftungsmöglichkeiten eine Schwachstelle, ebenso wie die mangelhafte Isolierung der Kabine gegenüber den von Motor und Rahmen eingeleiteten Schwingungen.

Doch da war Besserung in Sicht, was wiederum dem bei Chevrolet entwickelten Fahrerhaus für den Opel »Blitz« zu verdanken war. Das Blitz-Haus galt als »revolutionär«, denn es stützte sich gegenüber dem Rahmen vermittels Gummipuffern ab und isolierte so das Fahrerhaus von Schwingungen und

Vibrationen. Diese Gummipuffer sowie die neue Motorlagerung an nur noch drei Punkten sorgten für eine im Lkw-Bau unübliche Schonung der Fahrernerven. Die Ulmer berücksichtigten diese Erkenntnisse bei ihren Neuentwicklungen.

Magirus-Deutz stattete seine Lkw noch bis Mitte der Fünfziger mit Fahrerhäusern in Gemischtbauweise aus und stellte dann auf komplett neu konstruierte Ganzstahl-Häuser um. Diese waren vierfach gummigelagert zur Entkoppelung gegenüber dem Rahmen. Außerdem geriet die Schallisolierung durch eine Kombination aus Schaumwolle und gelochten Pressplatten geradezu vorbildlich. Das machte den Aufenthalt in einem Magirus-Deutz angenehmer als in jedem anderen Lkw jener Jahre: »Man kann sich auch bei hohen Motordrehzahlen jetzt ruhig unterhalten«, lobte die Presse und verwies auf die umfangreichen Versuche, die zu dem »vollschallgedämpften« Fahrerhaus geführt hatten. Der Kabinenboden wurde mit einer Gummi-Filz-Kombination ausgelegt, die Stirnwand zum Motor durch Schallschutzmatten abgeklebt und alle in die Kabine führenden Hebel und Pedale an ihren Durchbrüchen nach außen durch Manschetten und Schallschutzplatten »gewissenhaft« abgedichtet. Auch Kabinenrückwand, Türtafeln und Decke wurden abgedämmt. Der Hersteller reklamierte für seine 1956 eingeführte Hütte einen um 10 Phon geringeren Innengeräuschpegel: Alles in allem dringend zur Nachahmung empfohlen, denn »Magirus-Deutz hat mit diesem Fahrerhaus ohne Zweifel eine Pionierleistung vollbracht, und es wäre nur zu hoffen und zu wünschen, dass diese bald möglichst viele Nachahmer finden möge.« Diese Fahrerhäuser fanden sich sowohl bei den Rundhaubern als auch den Eckhaubern und brachten ein ungeahntes Maß an Komfort auf die Baustelle: »Man muss der Firma ... bescheinigen, als eine der ersten Firmen in dieser Hinsicht etwas Vorbildliches geschaffen zu haben.« (Last-Auto und Omnibus, Mai 1957).

Die anerkannt gute Kabine nutzte Magirus-Deutz auch als in der Werbung und schuf dafür die Bezeichnung »Silencab«.

Die Kabine blieb nahezu zwei Jahrzehnte in Produktion und wurde erst 1971 wesentlich überarbeitet, nachdem kurz vor der Produktionsumstellung

FAHRERHAUS

Das verwindungsfreie Ganzstahl-Fahrerhaus des Magirus-Deutz Allradwagens ist durch Gummilagerung, die auch grobe Erschütterungen weich aufnimmt, mit dem Fahrgestell verbunden.

Große Frontscheiben mit starken Scheibenwischern und Kurbelfenster in den Türen - selbstverständlich aus Sicherheitsglas - bieten gute Sicht nach allen Seiten. Eine Sonnenblende, der große Rückspiegel und Fahrtrichtungsanzeiger geben größtmögliche Fahrsicherheit.

Die Instrumententafel mit allen zur sicheren Führung und Überwachung notwendigen Armaturen liegt übersichtlich im Blickfeld des Fahrers; sie kann abgeklappt werden und erlaubt guten Zugang zu den Leitungen und Instrumenten. Rechts neben der Instrumententafel befindet sich der Sicherungskasten. Nach Abnahme des Deckels können die Sicherungen gut kontrolliert werden. Zwei große Ablagekästen bieten für die Unterbringung von Gebrauchsgegenständen reichlich Platz.

Das Vierspeichen-Lenkrad liegt gut in der Hand und ist weitgehend erschütterungsfrei. Hebel und Pedale sind leichtgängig und so angeordnet, daß sie aus bequemer Körperhaltung bedient werden können. Weich gepolsterte, mit Kunstleder bezogene Sitz- und Rückenflächen, die den Körperformen angepaßt sind, geben 3 Personen außerordentliche Bequemlichkeit. Unter den Sitzkissen sind die Batterien und das Werkzeug untergebracht. Zur mühelosen Sauberhaltung des Fahrerhauses ist der Fußboden mit gerippten, herausnehmbaren Gummimatten ausgelegt.

In der kalten Jahreszeit sorgt vom Motor vorgewärmte Frischluft für wohlige Wärme und beschlagfreie Frontscheiben. Eine Kartentasche in der Rückwand, Innenbeleuchtung, Kleiderhaken und Aschenbecher vervollständigen die gute Ausstattung des Fahrerhauses.

Die Fahr- und Motor-Geräusche im Fahrerhaus konnten durch umfangreiche Versuche unserer Techniker auf ein nicht mehr störendes Minimum herabgesetzt werden. Die Stirnwand zwischen Motor und Fahrerhaus hat eine weitgehend schalldämpfende Zwischenauflage. Bodenfläche, Radkasten und Getriebeabdeckkasten sind mit einem schalldämpfenden Gummi-Belag versehen; das Fahrerhaus selbst hat einen Innenanstrich mit dem bewährten Antidröhnmittel. Die breiten, vorn angeschlagenen Einsteigtüren ermöglichen in jedem Fall einen bequemen Einstieg für Fahrer und Beifahrer. Die Fenster und Türen sind mit Regenleisten versehen, die auch bei lang anhaltendem Regenwetter verhindern, daß Wasser in das Fahrerhaus dringt.

Blick in das Ganzstahl-Fahrerhauses der 1. Eckhauber-Generation.

Blick in das überarbeitete Ganzstahl-Fahrerhauses mit verstellbarem Fahrer-Schwingsitz, ab 1964.

Blick auf das Montageband in der Ulmer Schillerstraße, um 1963.

die Scheinwerfer in die Stoßstange verlegt worden waren. Im Frühjahr ersetzte die neu gestaltete Karosserie die bisherige Motorabdeckung und das Fahrerhaus. Ein in der Höhe vergrößertes, reichlich verglastes und geräumiges Fahrerhaus mit einteiliger Panoramascheibe sowie eine stärker konturierte Haube – die dadurch harmonischer wirkte – modernisierten das Design der Magirus-Deutz-»Bullen«, die eigentlich nur noch auf Baustellen anzutreffen waren. Bis zur Produktionseinstellung sollte sich daran kaum mehr was ändern.

Blick auf das Cockpit mit Bedienelementen und Armaturen.

Foto: Ralf Weinreich

Wiederanlauf der Lkw-Produktion

Foto: Ralf Weinreich

Neuauflage des Wehrmachtslasters

1946 gelang es das Montageband für den Bau des Dreitonners wieder anlaufen zu lassen; Probleme in der Beschaffung verschiedener Teile führten mehrfach zu Unterbrechungen, so dass gerade mal 481 und ein Jahr später 462 Laster, teils mit Holzgasmotor gebaut werden konnten. Was an Teilen eingespart werden konnte, wurde auch weggelassen, so z. B. die hinteren Radabdeckungen. Auch das KHD-Logo entfiel, und die Stoßstange wurde einfacher ausgeführt. Kleinere Scheinwerfer aus der Fertigung der Deutz-Schlepper F 2 M 417 und F 3 M 417 mussten für die Ausleuchtung der Fahrbahn ausreichen.

1949 erhielt der zum 3,5-Tonner aufgestiegene S 3500 den luftgekühlten Dieselmotor, gesteigert auf eine Dauerleistung von 85 PS und offiziell vorgestellt auf der damaligen Hannover Exportmesse, dem ersten Schaufenster der wiedererwachten westdeutschen Industrieproduktion. Das geringe Gewicht des Motors gegenüber dem wassergekühlten Vorgängermotor hatte die Nutzlasterhöhung ermöglicht. In seiner Nutzlastklasse trat nur der Borgward Bo 3000 mit Vergaser- oder Dieselmotor von Kriegsende bis 1949 an. Ford investierte so gut wie nichts: der alte Vorkriegstyp mit Vier- oder V-Achtzylinder-Vergasermotor bot ebenfalls eine Nutzlast von 3 t. Erst die Modelle FK 3500 von 1951 hätten in Konkurrenz treten können, sofern die Motoren überzeugend gewesen wären. Mercedes-Benz baute noch bis 1949 aus bereitliegenden Teilen den Opel »Blitz« mit 3,5 t Nutzlast und trat 1949 mit dem Serienbau des 90 PS starken L 3250 an, der ein Jahr später als L 3500 dem Ulmer S 3500 überzeugend Paroli bieten konnte. Das Rüsselsheimer Opel-Werk, das vor und während des Krieges die 3,5-Tonnen-Klasse dominierte, war in dieser Klasse ausgeschieden, da das moderne Lastwagenwerk in Brandenburg a. d. Havel von amerikanischen Fliegern 1944 zerstört, anschließend mit zwangsweise demontierten Maschinen aus (unter anderem) Frankreich notdürftig vor Kriegsende wieder eingerichtet und umgehend von der russischen Besatzungsmacht restlos demontiert worden war.

75-PS-KHD S 3000 als Dreiseitenkipper mit geteilter Windschutzscheibe, 1946.

Die Ulmer Fahrzeuge kombinierte Magirus-Deutz mit Pritschen- und Kipperaufbauten aus eigenem Haus, von der FAMAG (Fahrzeug und Maschinenbau) in Dingolfing und von der zum KHD-Konzern gehörenden Waggonfabrik Gastell (Westwaggon) in Mainz-Mombach, dem späteren Magirus-Deutz-Omnibuswerk. Als »Wiederaufbauhelfer« fuhren sie zum großen Teil – meist überladen – den Trümmerschutt aus den Städten zu den Schuttabladeplätzen oder sorgten für den steten Antransport von Ziegelsteinen, Sand, Zement, Eisen- und Ausstattungsteilen, Hölzern aller Art und Dachziegel für die Beseitigung der Bombenschäden und für die Neubauten. Auch eine Allradausführung wurde wieder aufgelegt, die im nachfolgenden Kapitel beschrieben wird.

Schon im ersten Baujahr gab es den 3,5-Tonner in der Allradausführung A 3500; die Royal Air Force in der Britischen Besatzungszone bestellte mehrere Serien dieses Modells, was das west-alliierte Verbot für den Bau derartiger Fahrzeuge stillschweigend außer Kraft setzte. Ab 1951 gelangten die Allradlaster auch an zivile Kunden. Gegenüber der Wehrmachtsausführung ließ sich bei Traktionsschwierigkeiten auf schwierigem Gelände das Ausgleichsgetriebe sperren. Für Erprobungszwecke setzte das Werk mit Genehmigung amerikanischer und britischer Behörden, da es noch kein deutsches Außenministerium gab, mehrfach einen Allradlaster in Ägypten ein. Gegenüber der hinteren Zwillingsbereifung erwies sich eine Einzelbereifung praktikabler auf dem Sandboden.

Größere Stückzahlen des S 3500 erhielten eigene

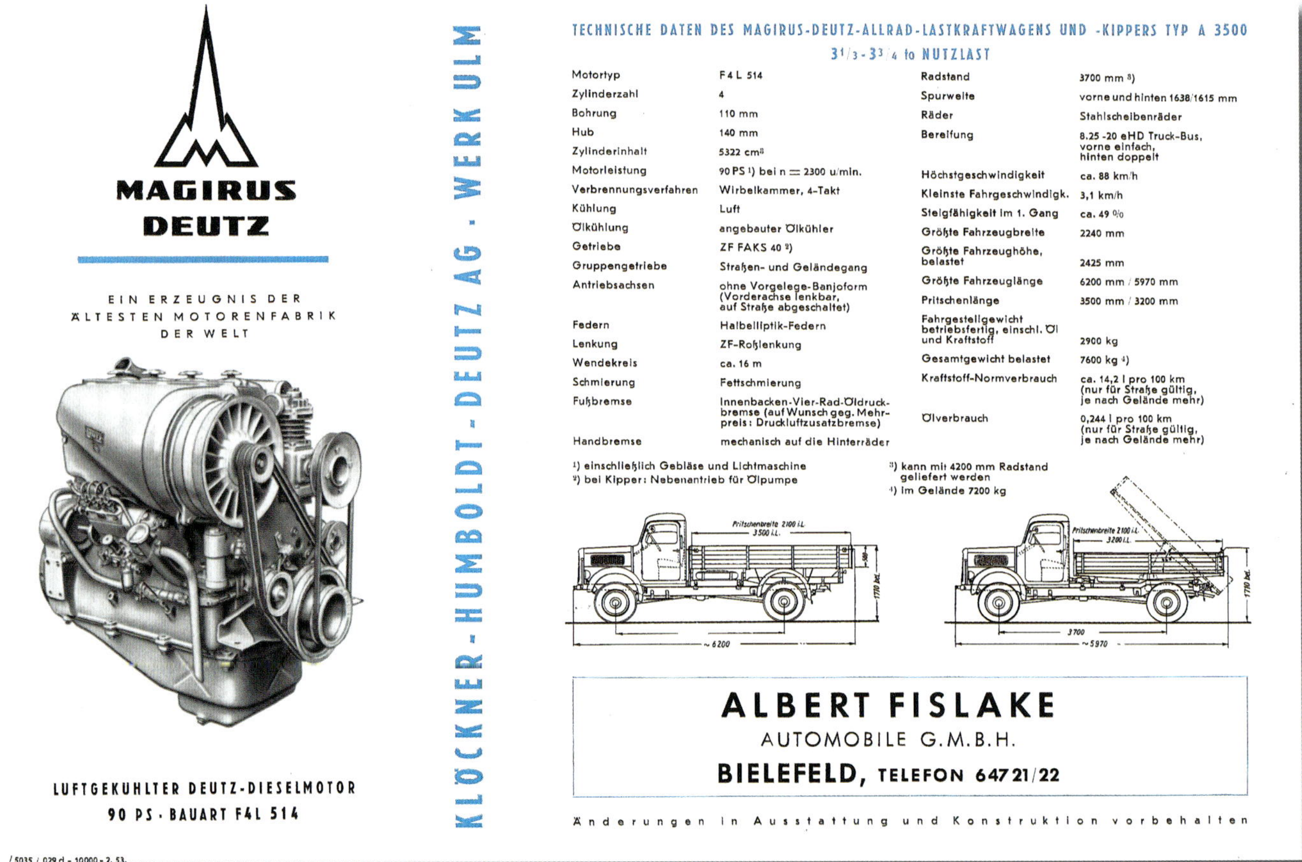

MAGIRUS DEUTZ

EIN ERZEUGNIS DER ÄLTESTEN MOTORENFABRIK DER WELT

LUFTGEKÜHLTER DEUTZ-DIESELMOTOR
90 PS · BAUART F4L 514

KLÖCKNER-HUMBOLDT-DEUTZ AG · WERK ULM

TECHNISCHE DATEN DES MAGIRUS-DEUTZ-ALLRAD-LASTKRAFTWAGENS UND -KIPPERS TYP A 3500
$3^1/_3$ - $3^3/_4$ to NUTZLAST

Motortyp	F 4 L 514	Radstand	3700 mm [3])
Zylinderzahl	4	Spurweite	vorne und hinten 1638/1615 mm
Bohrung	110 mm	Räder	Stahlscheibenräder
Hub	140 mm	Bereifung	8.25 -20 eHD Truck-Bus, vorne einfach, hinten doppelt
Zylinderinhalt	5322 cm³		
Motorleistung	90 PS [1]) bei n = 2300 u/min.	Höchstgeschwindigkeit	ca. 88 km/h
Verbrennungsverfahren	Wirbelkammer, 4-Takt	Kleinste Fahrgeschwindigk.	3,1 km/h
Kühlung	Luft	Steigfähigkeit im 1. Gang	ca. 49 %
Ölkühlung	angebauter Ölkühler	Größte Fahrzeugbreite	2240 mm
Getriebe	ZF FAKS 40 [2])	Größte Fahrzeughöhe, belastet	2425 mm
Gruppengetriebe	Straßen- und Geländegang	Größte Fahrzeuglänge	6200 mm / 5970 mm
Antriebsachsen	ohne Vorgelege-Banjoform (Vorderachse lenkbar, auf Straße abgeschaltet)	Pritschenlänge	3500 mm / 3200 mm
Federn	Halbelliptik-Federn	Fahrgestellgewicht betriebsfertig, einschl. Öl und Kraftstoff	2900 kg
Lenkung	ZF-Roßlenkung	Gesamtgewicht belastet	7600 kg [4])
Wendekreis	ca. 16 m	Kraftstoff-Normverbrauch	ca. 14,2 l pro 100 km (nur für Straße gültig, je nach Gelände mehr)
Schmierung	Fettschmierung		
Fußbremse	Innenbacken-Vier-Rad-Öldruckbremse (auf Wunsch geg. Mehrpreis: Druckluftzusatzbremse)	Ölverbrauch	0,244 l pro 100 km (nur für Straße gültig, je nach Gelände mehr)
Handbremse	mechanisch auf die Hinterräder		

[1]) einschließlich Gebläse und Lichtmaschine
[2]) bei Kipper: Nebenantrieb für Ölpumpe
[3]) kann mit 4200 mm Radstand geliefert werden
[4]) im Gelände 7200 kg

ALBERT FISLAKE
AUTOMOBILE G.M.B.H.
BIELEFELD, TELEFON 647 21/22

Änderungen in Ausstattung und Konstruktion vorbehalten

/ 5035 / 029 d - 10000 - 2. 53.

Technische Daten des Allradlers A 3500, 1953.

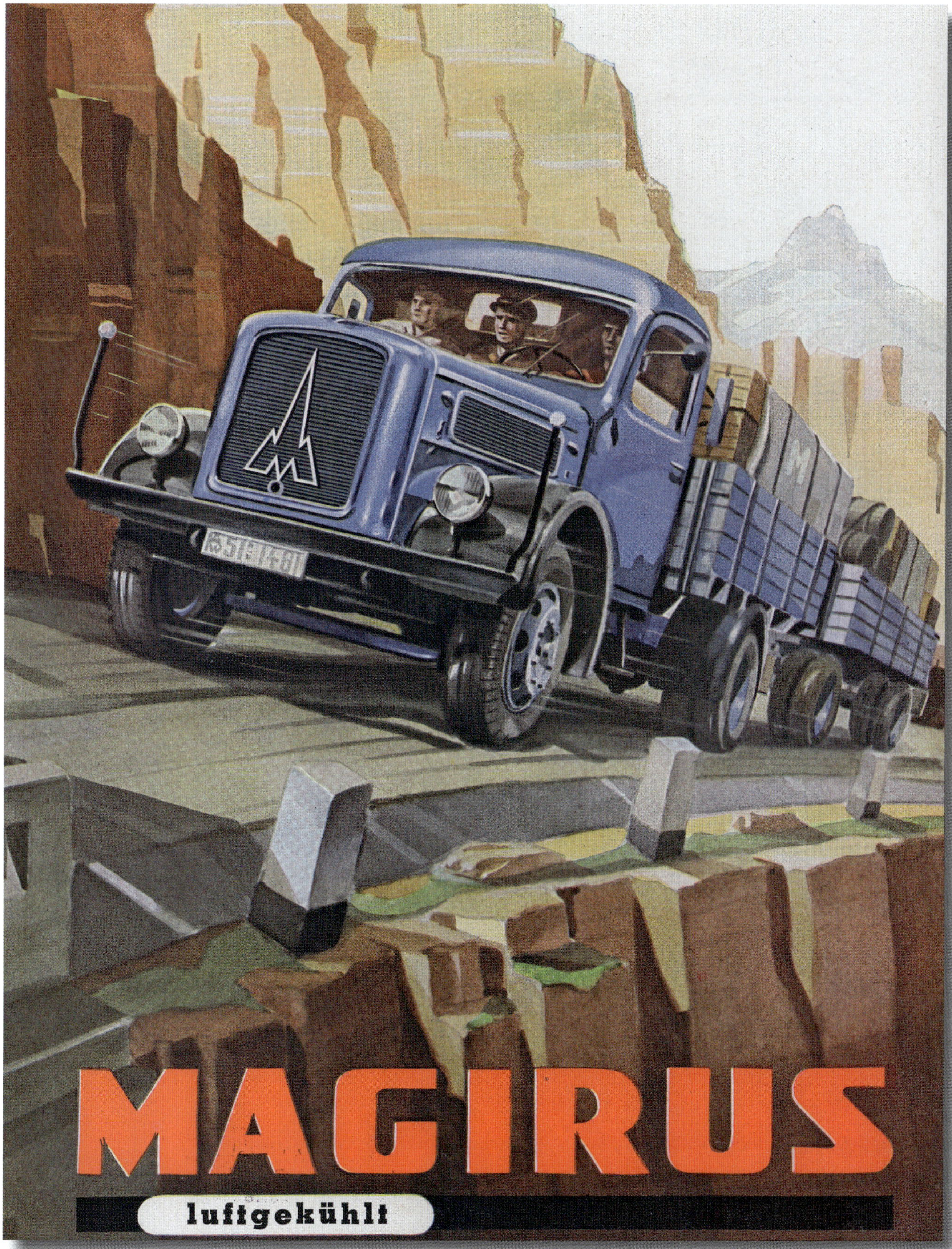

Werbetafel für den S 3500 mit luftgekühltem Dieselmotor, 1951.

Grundriss und Maße des S 3500, 1951.

Müllwagenkonstruktionen, da der Bedarf an Entsorgungsfahrzeugen enorm war, zumal während des Krieges derartige Fahrzeuge nicht gebaut werden durften und der Bestand inzwischen stark verschlissen war. Im Kommunalfahrzeugbereich standen Kehrricht-, Spreng-, Fäkalien- und Schlammsaugewagen verschiedener Aufbautenhersteller zur Verfügung.

Für Straßenbahnbetriebe gab es einen Oberleitungs-Montagewagen mit teleskopier- und drehbarer Arbeitsbühne, wiederum mit Westwaggon-Aufbau. Eine weitere Aufbauvariante stellte der Kastenwagen mit Karosserie von Kässbohrer dar. Die Karosserieschneiderei nutzte das Langrahmenfahrgestell und setzte die Pendelwinker vor die Frontscheibe, um den Innenraum des Aufbaus nicht durch das Gehäuse für den Winker zu beeinträchtigen. Bei Ackermann wurden die Winker in die B-Säule integriert. Dort stand auch ein Kofferwagen im Programm.

Eine moderne logistische Einrichtung stellten zu Beginn der 50er Jahre die Spezialauflieger für Bahncontainer im »Haus-zu-Haus«-Verkehr dar. Die Firmen Ackermann in Wuppertal-Vohwinkel, E. v. Lienen in Bochum und Schenk in Stuttgart-Feuerbach stellten die Auflieger mit der drehbaren Aufnahmevorrichtung her. Sattelzugmaschinen für die Aufnahme eines Koffer-, Tank- oder Rungenaufliegers bildeten weitere Varianten. Schließlich entstanden in

Grafik des S 3500.

Magirus-Deutz-Sattelschlepper mit Rungen-Auflieger.

Magirus-Deutz mit Kässbohrer-Kastenaufbau.

kleinen Stückzahlen auf verkürztem Fahrgestell Zugmaschinen mit hinterem Ballastkasten. Erste Exporterfolge stellten sich in den westlichen Nachbarländern sowie nach Österreich ein, da dort ebenfalls ein großer Erneuerungsbedarf an Fahrzeugen bestand. Hinzu kam, dass die eigene Automobilindustrie in Wien nicht genug liefern konnte und Frankreich zusätzlich die Kolonialverwaltungen mit neuen Fahrzeugen beliefern musste.

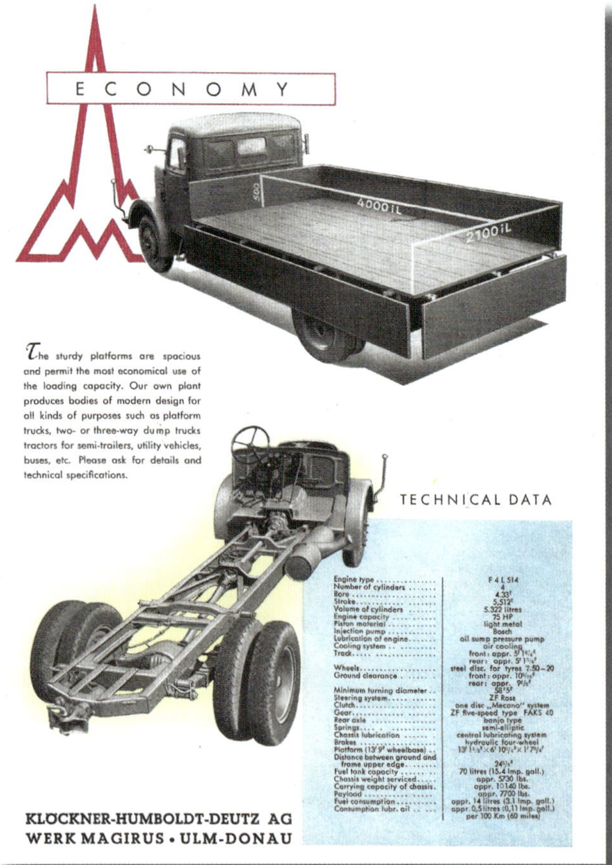

ECONOMY

The sturdy platforms are spacious and permit the most economical use of the loading capacity. Our own plant produces bodies of modern design for all kinds of purposes such as platform trucks, two- or three-way dump trucks tractors for semi-trailers, utility vehicles, buses, etc. Please ask for details and technical specifications.

TECHNICAL DATA

Engine type	F 4 L 514
Number of cylinders	4
Bore	4.33"
Stroke	5,512"
Volume of cylinders	5.322 litres
Engine capacity	75 HP
Piston material	light metal
Injection pump	Bosch
Lubrication of engine	oil sump pressure pump
Cooling system	air cooling
Track	front: appr. 5' 1 3/4" rear: appr. 5' 1 1/8"
Wheels	steel disc. for tyres 7.50–20
Ground clearance	front: appr. 10 5/16" rear: appr. 9 1/2"
Minimum turning diameter	58' 5"
Steering system	ZF Ross
Clutch	one disc „Mecano" system
Gear	ZF five-speed type FAKS 40
Rear axle	banjo type
Springs	semi-elliptic
Chassis lubrication	central lubricating system
Brakes	hydraulic four-wheel
Platform (13' 9" wheelbase)	13' 1 1/2" × 6' 10 3/4" × 1' 7 3/4"
Distance between ground and frame upper edge	24 3/8"
Fuel tank capacity	70 litres (15.4 Imp. gall.)
Chassis weight serviced	appr. 5730 lbs.
Carrying capacity of chassis	appr. 10140 lbs.
Payload	appr. 7700 lbs.
Fuel consumption	appr. 14 litres (3.1 Imp. gall.)
Consumption lubr. oil	appr. 0,5 litres (0,11 Imp. gall.) per 100 Km (60 miles)

KLÖCKNER-HUMBOLDT-DEUTZ AG
WERK MAGIRUS • ULM-DONAU

S 3500-Sattelzugmaschine mit Spezialauflieger mit drehbarer Aufnahmevorrichtung für Bahncontainer im Haus-zu-Haus-Verkehr.

Maße und technische Daten in einem englischsprachigen Prospektes.←

Englischer Broschürentitel zu Kilometer-Höchstleistungen.→

S 3500-Kraftstoff-Aufliegergespann mit vorverlegtem Auspuff, 1952. (Foto: Iveco-Magirus-Archiv)

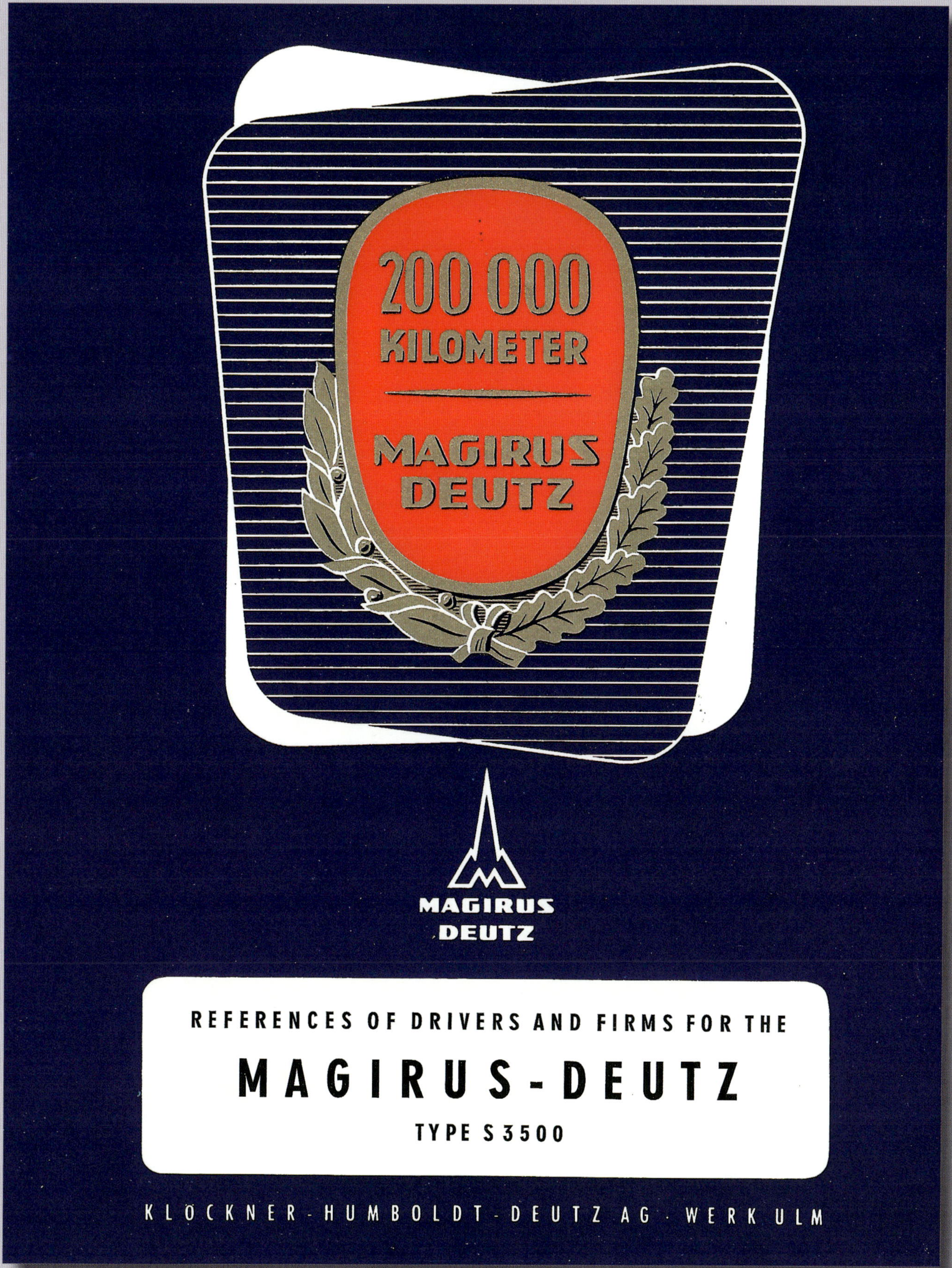
200 000
KILOMETER
MAGIRUS
DEUTZ
MAGIRUS
DEUTZ
REFERENCES OF DRIVERS AND FIRMS FOR THE
MAGIRUS-DEUTZ
TYPE S 3500
KLÖCKNER-HUMBOLDT-DEUTZ AG · WERK ULM

220000 km

RASP & WEDLICH, Spedition, Bayreuth, Alexanderstraße 3

Mr. Wedlich you have driven the vehicle now for 220000 km.
Where do you operate or where have you operated?

The vehicle has been regularly used in road traffic between Nürnberg and Bayreuth. Mainly we carried furniture also using the trailer. Not all roads were good. Sometimes we had to deliver to villages and there things were rough.

How did the truck perform?

It was holding the road well, also in wet weather.

And what kind of body did you have?

With stakes and tarpaulin.

And when you had high loads?

It did not matter, there was no sway.

What was the fuel consumption?

Driving like that I used at an average 17 liters with trailer.

The oil consumption, meaning between two oil changes, how much did you have to top up?

Up to 100000 km I added 1½ to 2 liters and later on the consumption rose to 2 to 2½ liters at intervals of 2500 km.

Now what were your experiences with the air-cooling? Did the engine ever run too hot?

No I think otherwise. On the run Bayreuth-Nürnberg-München I noticed during the very hot summer in 1949 that all vehicles with water-cooled engines had to stop by the road and the Magirus air-cooled could drive on. I am satisfied that for our carrying business the Magirus is the best vehicle.

And why, what made you think so?

Firstly in economy and power it is defenitely not outdone by any other vehicle. On the contrary, I believe that this vehicle is the best for carriers or any other enterprise.

Alfred Wedlich

Zufriedener Spediteur mit S 3500-Hochbordlaster mit über 220000 km.

297000 km

MICHAEL KUESTERS,
Transporte, Borgeln über Soest, Kohlenhandel,
Baumaterialien und sonstige Transportarbeiten

Mr. Kuesters, why did you buy yourself a Magirus?
Firstly because in winter time I don't want to have anything to do with freezing and then I have no worries in summer or winter with cooling water, and thirdly, because it is all the time ready for action. The truck has not let me down once during the 3½ years I own it.

If you had to buy a truck to-day, would you again choose a Magirus?
Yes, no doubt nothing else will do, because there is hardly a truck on the market, which can do better. I definitly would buy only an air-cooled truck.

Did you have to do any substantial repairs to the truck during the 297000 km?
The only repairs I had were due to natural wear and tear. It still has got the first engine and everything in it. After 200000 km we had the first sleeves and pistons replaced. It wouldn't have been necessary then, only the oil consumption was going up to 5,6 and 7 liters for 2000 km. It was still pulling its 15 to 16 tons.

M. Küsters

Driver Heinrich Druchleben

I never had any trouble with starting in winter. The truck is out in the open summer or winter. I don't have to install an additional battery in winter. After a short time of pre-heating the engine always started. Owing to normal wear we replaced the batteries two years ago.

What do you think of the air-cooled Magirus truck?
I would only buy an air-cooled truck.

And why?
Because it does not freeze. Sometimes it takes hours to load in winter. We don't worry about the engine, whereas with a water-cooled one we would have to start it up every half hour to save us draining the water.

Hinr. Druchleben

Ebenfalls mit 297000 km »auf dem Tachometer« überzeugt vom 3,5-Tonner.

310000 km

GERHARD KLEINBONGARDT,
Duisburg-Meiderich
Obermeidericher Straße 152

Mr. Kleinbongardt, you own a 3½ ton Magirus and a trailer both with a trunk-like body. Up to now you drove it for 258000 km. The vehicle was bought at the end of April 1950 and since then has travelled about 11 000 km a month.

What do you mainly carry?

Upholstered furniture.

That would mean a pay-load of roughly how many tons?

6 to 7 tons. Of course you have to consider the comparatively heavy net weight of the prime mover of 5.6 ton and of the trailer of 4.8 ton. This should specially be mentioned when judging the power of the truck.

What is the oil consumption to-day after driving 258000 km?

Between oil changes we don't refill at all. There is no difference between the condition of the new truck and the condition it is in now. The consumption is exactly as it was in the beginning.

It is quite interesting that the oil pressure is still the same to-day as it was with the new truck. That shows that the main bearings of the crank-shaft are still in very good condition. When the engine was dismantled I found my judgement confirmed, the bearings really were in excellent condition.

Did you ever on any of your trips in summer strike any difficulties with the cooling (even with heavy loads)?

None.

Has the engine never run too hot?

No.

And the starting in winter?

No trouble at all.

And if the truck is out in the open, when it is very cold?

No, the engine starts immediately.

What are your reasons which made you consider to buy another air-cooled engine?

Well, in winter it means a particular advantage.

And what is it?

Well, one just parks it and that is all.

Auch nach 310000 km schätzen Fahrer und Besitzer den S 3500 mit Kastenaufbau.

Modernisierungsstudie zum S 3500 mit Stilelementen des späteren Rund- und Eckhaubers, 1949. (Foto: Iveco-Magirus-Archiv)

Beliebt bei Feuerwehren

Nach dem Krieg bestand ein immenser Nachholbedarf von Feuerlösch-Fahrzeugen, da auch hier der Fuhrpark durch die vielen Einsätze erhebliche Ausfälle und Abnutzungen zu verzeichnen hatte. Die Einführung der DM ermöglichte den Freiwilligen und den Berufsfeuerwehren ihren durch die Kriegsjahre verlorenen oder verschlissenen Fahrzeugbestand wieder aufzufüllen; für Magirus ein lohnendes Geschäft, um Kapital für Investitionen bereit zu halten. Und für die Entscheidung zugunsten eines Magirus-Deutz-Fahrzeugs sprach jetzt der luftgekühlte Motor, der bei Kälte problemlos ansprang und gerade bei eine Alarmfahrt rasch eine ausreichende Betriebstemperatur erreichte.

Mit Doppelkabine für neun Feuerwehrkameraden, mit Steckleitern, einer Kreiselpumpe und der abnehmbaren Schlauchhaspel im Heck, mehreren Schränken seitlich und heckseitig im Aufbau sowie Kästen unter den Trittbrettern wurde jeder Platz in dem LF-Fahrzeug ausgenutzt. Während für die Ausleuchtung des Unglückplatzes ein großer Suchscheinwerfer diente, fehlten damals die seit Beginn der 50er Jahre obligatorischen Blaulichter bzw. Rundleuchten. Da die luftgekühlte Maschine zunächst – wie beim VW-Käfer – nur wenig Wärme für den Innenraum erzeugte, sorgten elektrisch betriebene

Werbetafel zum S 3500 mit Drehleiteraufbau, 1949.

Werbetafel zum LF 15 auf S 3500 mit Gruppenkabine und Wassertank, 1949.

Tanklöschfahrzeug TLF 15 auf S 3500-Fahrgestell mit Gruppenkabine.

Rückansicht des TLF 15 mit Edelstahlbehälter für 2400 l Wasser sowie 80 l Schaummittel und einer Hochdruck-Kreiselpumpe.

Werbetafel zum Einsatz des TLF 15.

Heizgitter im Winter für freie Sicht.

Für den sofortigen Löschangriff war das Tanklöschfahrzeug TLF 15 auf dem S 3500-Fahrgestell vorgesehen, das in dem hinteren, leicht herausragenden Edelstahlbehälter 2400 l Wasser sowie weitere 80 l Schaummittel mit sich führte. Die Hochdruck-Kreiselpumpe war hier im Heck eingebaut.

Mit den auf den Trittbrettern gelagerten C-Rohren konnte Wasser aus einem Hydranten, Fluss oder Teich gefördert werden.

Mit Doppelkabine und mit vierteiliger, mechanisch ausziehbarer Leiter für eine Steighöhe von 22 m stattete Magirus-Deutz den Drehleiterwagen DL 22 aus.

Ab 1950 bot das Ulmer Werk Feuerwehr- und Kommunalfahrzeuge mit einer modernisierten Haubengestaltung an. Die Motorabdeckung war flacher und nach vorne abfallend gestaltet. Auch die Kühlerattrappe war leicht geneigt angebracht. Darüber hinaus erhielt die Kabine eine Überarbeitung. Nur wenige derart überarbeitete Fahrzeuge entstanden, da ab 1952 die hypermoderne Rundhauber-Genera-

S 3500 mit modernisierter Haubenform, Gruppenkabine und Drehleiter DL 25, 1951.

Werbetafel zur Tradition im Drehleiterbau.

Feuerwehr-Prospekt mit DL 22-Drehleiter.

tion antrat. Neben Lastwagen und Omnibussen war und ist die Marke Magirus (heute Iveco Magirus) auf dem Markt der Feuerwehr-Fahrzeuge in Europa Marktführer; der Urspung der Firma ging und geht ja auf die »Feuerwehr-Requisiten-Fabrik Magirus« zurück.

Erhaltenes Löschgruppenfahrzeug LF 15 mit Vorbaupumpe aus dem Jahr 1952. (Foto: Alexander Oertle)

Löschfahrzeug LF 15 mit Steckleitern und hinterer Kreiselpumpe.

Werbetafel zum O 3500.

The MAGIRUS Works specialize in the design of modern Diesel Motor Buses

REVOLUTIONIZING PROGRESS

in modern overland passenger traffic has been achieved with the expertly styled MAGIRUS busus, a very distinctive factor. This fact will be easily understood, for precisely the MAGIRUS Works have made particular efforts in the design of well-contrived motor buses. Long-time experience in this line and a hitherto unattained realization of the quality principle are embodied in the new MAGIRUS designs. If you observe now on the road an ever increasing number of vehicles bearing the MAGIRUS emblem, it is due to the fact at the MAGIRUS buses are gaining more and more the favour of the travelling public for their reliability and comfort. So it is not surprising that competent experts give preference to the well-approved MAGIRUS motorbuses not only for city line service but also for overland routes, for the superior performance of these buses in the permanent stress of everyday operation enables them to make their business a profitable one. The MAGIRUS bus Type O 3500 is made in various designs. Their bodis are stylish in appearance, a product of good taste. The excellent upholstery of the seats in combination with the well-known smooth action of the springs even on ill-conditioned roads ensure comfortable riding. Large windows afford clear view in all direktions, and the foldable all-weather roof of the MAGIRUS sight-seeing coaches can be opened in a jiffy. Even long trips in the roomy and comfortable MAGIRUS bus O 3500 will be a pleasure for the passengers. For the first time an aircooled Diesel engine has been used as power unit for these buses in assembly line production. This engine was developed by DEUTZ the oldest motor factory of the world, and this design has successfully stood the test in thousands of units for five years. Due to its pioneering

Englischsprachiger Prospektausschnitt zum O 3500.

Omnibusse auf Basis des S 3500

Auch bei Omnibussen war der Nachholbedarf groß. Größter Abnehmer der O 3500-Linienbusse mit einer Karosserie aus dem KHD-Westwaggon-Werk war die Deutsche Bundespost. Das innen spartanisch ausgestattete Fahrzeug besaß eine hintere Schlag- und eine vordere Falttür mit obligatem Briefkasteneinwurf; eine Gepäckgalerie und ein Zielschildkasten gehörten zum Standard damaliger Linienbusse.

Als Aussichtsomnibus besaß der O 3500 26 Sitzplätze (einschließlich Fahrer- und Beifahrersitz). Gewöhnlich waren in jeder Sitzreihe noch Klappsitze vorhanden, die erst 1958 in der Bundesrepublik aus Sicherheitsgründen verboten wurden. Auch war es noch möglich, mit einer Beifahrertür für den Ein- und Ausstieg auszukommen.

Verschiedene Aufbauhersteller wie Wagen- und Karosseriefabrik Gebr. Ottenbacher in Biberach a. d. Riss und Walter Vetter in Fellbach versahen das O 3500-Fahrgestell mit teils noch heute ansprechenden Karosserien. Mit Faltverdeck (und damit kleiner Gepäckgalerie) und Dachrandfenstern gingen die Vetter-Ausführungen an die 1948 von den westlichen Besatzungsmächten gegründete »Internationale Touring-Company«, die zunächst vorwiegend dem Reiseverkehr ihrer Militär- und Verwaltungsmitglieder dienen sollte. Zeitgenössischen Luxus stellte die Radioanlage mit Stabantenne für Mittel- und Ultrakurzwelle dar, wenn auch der Empfang oftmals am Drehkondensator nachgestellt werden musste oder in ein unangenehmes Rauschen überging.

Werbetafel zum O 3500.

Ausstattungsdetails des O 3500 wie Rollverdeck, Sitzbänke mit Haltestangen und Gardinen.

Mit üppiger Frontgestaltung von Ottenbacher ausgeführter Ausflugsbus,1950.

In größeren Serien ging der O 3500 Überlandbus mit Westwaggon-Karosserie inklusive Dachgalerie und vorderer Falttür mit Briefeinwurfklappe an die (damalige) Deutsche Post, 1949. (Foto: Iveco-Magirus-Archiv)

Von Vetter aufgebauter O 3500 mit Dachrandverglasung und Radioausstattung für die Internationale Touring-Company, 1950.

Als Magirus-Deutz 1951 und 1952 mit den Rundhauber-Fahrzeugen S 6500 und S 3500 die neue Generation auf den Markt brachte, ging die Geschäftsleitung davon aus, dass mit Allradantrieb die Modelle problemlos auch im Baustellenverkehr einzusetzen wären. Das Ziel war es ja gerade, mit einem Einheitsfahrerhaus und einer Haube in zwei Längen (für den V4- und für den V6-Motor) auszukommen und nicht, wie bis in die Kriegszeit mit jeweils individuellen Karosserien für die einzelnen Baureihen. Aber im Einsatz der ersten Allradler gab es die Überraschung, dass auf schwierigem Gelände die Haube aus der unteren Verriegelung unter Verformung und Beschädigung aufsprang. Die Entwicklungsabteilung wurde umgehend an die Konstruktion der dann als Eckhauber bezeichneten Karosserie gesetzt. Bis aber 1953 diese Form zur Verfügung stand, aktivierte man den A 3500 nochmals. Durch eine verstärkte Bereifung, einem Verteilergetriebe und einer angetriebenen Lenkachse stieg er zum A 4500 auf. Mit gewinkelten Kotflügeln, mit X-förmigen Sicken stabilisiert, besaß er ein für einen Geländelastwagen angepasstes Aussehen und führte von 1954 bis 1955 die Tradition des »Wiederaufbauhelfers« in der unteren Mittelklasse fort.

Zeitungsanzeige des holsteinischen General-Vertreters, 1950.

Werbegrafik zum A 3500 Pritschenwagen und Kipper, 1953.

Werbegrafik von A. Mundorff zum A 3500 in einer Aufbauszene mit Löffelbagger.

Werbefahrten auf Wüstensand

Werbefahrten in Afrika und im Nahen Osten

Die Exportabteilung sah schon früh Verkaufschancen für die luftgekühlten Fahrzeuge in Afrika und im Nahen Osten. Ein A 3500 bewältigte 1952 einen Härtetest in Ägypten und 1954 ein weiterer A 3500 zusammen mit einem S 6500-Rundhauber trat eine Wüstenfahrt von Algerien bis in den Belgischen Kongo an. Zuvor mussten die Fahrzeuge auf Wunsch des holländischen Magirus-Deutz-Vertreter als Werbemaßnahme für sein Gebiet einen eindrucksvollen Start in Holland hinlegen. Von Ulm aus trafen die Laster in Antwerpen ein und fuhren über Brüssel nach Marseille, wo sie per Schiffstransport in Bone erneut starteten und über Stanleyville, Elisabethville die Hauptstadt Leopoldville ansteuerten. Beide Pritschenlaster waren mit Deutzer-Erzeugnissen, darunter mit einem Einzylinderschlepper, verschiedenen Deutz-Motoren und Ersatzteilen beladen, um somit für die Deutzer Erzeugnisse unter dem Motto »Alles aus einer Hand« zu werben. Die Kraftfahrer führten diese Produkte an verschiedenen Etappenplätzen vor, wohl froh darüber, endlich mal wieder der Hitze von bis zu 50° im Fahrerhaus entkommen zu sein. Nach dieser spektakulären Werbefahrt wurde 1955/56 ein A 7500 auf eine Wüstenfahrt nach Ägypten geschickt. Nach einer Rundfahrt über befestigte Straßen und Sandpisten von Kairo bis Alexandria und wieder zurück schloss sich eine Tour über den Libanon, Syrien, Jordanien, Iran und Saudi-Arabien bis an den Persischen Golf an. Weder feiner Wüstensand noch Hitze (im Fahrerhaus bis zu 53°) beeinträchtigten auf der 8000 km langen »Morgenlandfahrt« die Standfestigkeit des Motors.

black robed peasant women. Narrow, well shaped Beduin faces characterise the Druse mountain tribes of the Jebel-el-Druse, that bare and rugged mountain range which the imperturbable vehicle climbs quickly on a stony and dusty road.

Our Syrian journey comes to its end in the country's southwestern corner, where from a precipitous mountain range we have a wonderful view far into Israel, over the blue Lake Tiberias and into the deep valley of the river Yarmuk. Carrying a load of 8 tons along particularly steep and narrow mountain roads which scale the slopes in sharp hair-pin bends, the indefatigable climber from Germany is tested almost to destruction. But again the Magirus-Deutz truck with the aircooled engine, in which local experts take special interest, has proved its worth. – We leave Syria.

Left: Now and again we meet heavily loaded Magirus-Deutz Trucks.
Top: On the journey into Southern Syria, which is barren and dry, we meet black robed peasant women.
Bottom: Great differences of height have to be negotiated on a steep winding road.

Ausschnitt aus der Broschüre mit (links) einem örtlichen Magirus-Deutz Rundhauber mit landestypischem Hochbordaufbau.

Titelblatt der Broschüre »Arabian Journey«, 1955/56.

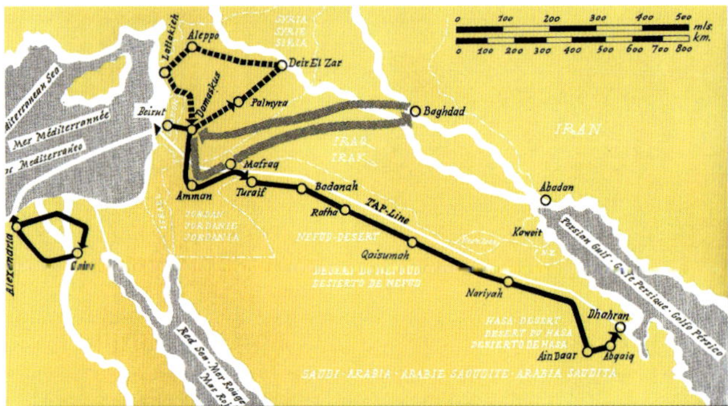

Streckenverlauf der Sahara-Fahrt von Tunis bis Fort Lamy.

Streckenverlauf der Orient-Fahrt.

Der A 7500 mit Sandreifen, Seilwinde und Tropendach mit Luke auf einer Sandpiste.

Der A 7500 mit Militärbereifung und Dachluke auf einer Schotterpiste in Ägypten.

Erster deutscher Nachkriegsbolide A 12000

Die Resultate dieser Promotionsaktionen konnten sich sehen lassen: Verkaufskontakte und der Aufbau von Lizenzfertigungen in Ägypten und im Kongo waren die Folge.

Das Paradestück des Ulmer Werkes stellte der 1954 vorgeführte Typ A 12000 (ab 1958 mit der Zusatzbezeichnung »Uranus«) mit der Achskonfiguration 6 x 6 und dem Zwölfzylindermotor F 12 L 614 mit 250 PS dar. Um das überschwere Fahrzeug zu steuern, kam erstmals eine Lenkhilfe zum Einbau. Die Lenkachse erhielt einen Planetenantrieb, der deutlich an dem herausragenden Deckel zu erkennen war. Die Kraft wurde über das Verteilergetriebe nach vorne und nach hinten auf das Doppelachsaggregat mit Durchtrieb zur dritten Achse geführt. Da sich in dieser Zeit Überlegungen zum Aufbau einer deutschen Truppe am Horizont abzeichneten, setzte die Geschäftsleitung große Hoffnung darauf, dass dann das Militär eine größere Anzahl dieser damals stärksten deutschen Lastwagen abnehmen würde. Der unter der unverfänglichen Bezeichnung »Amt Blank« in Bonn ansässigen Behörde, geleitet von dem Politiker Theodor Blank, führte das Ulmer Management den Kraftprotz vor, nachdem man schon 1952 Kontakte geknüpft hatte. Für den A 12000 bekam man aber keine Zusage. Das Bundesministerium entschied sich ein Jahr später für den FAUN-Zehntonner als größtem Transportfahrzeug. Dafür konnte Magirus-Deutz Erfolge im Ausland aufweisen. In militärischer Ausführung orderten das Schweizer Bundesheer, die BAOR und das belgische Corps einige A 12000-Modelle als Zugmittel für Geschütze und als Abschleppwagen. Und um vorsorglich Kapazitäten zu schaffen, wurde der Schlepperbau wieder vollständig nach Köln-Deutz verlagert, wo auch die Schlepper-Triebwerke entstanden bzw. bis heute entstehen.

Schlammige Testfahrt mit dem A 12000 mit Doppelkabine, Tropendach und Pritsche. (Foto: Iveco-Magirus-Archiv)

Start des vollbeladenen A 12000, versehen mit seitlichen Sandblechen und zusätzlichen Diesel-Kanistern, 1957.

Vorwärts auf unbefestigter Piste.

Demonstration der Anpassung des Hinterachs-Aggregats an die Bodenverhältnisse. (Foto: Iveco-Magirus-Archiv)

Bei einer Rast im Tschad spendet eine Dattelpalme wohltuenden Schatten.

Eine französische Patrouille an der tunesisch-libyschen Grenze bewundert das »Wüstenschiff«.

Da der »Uranus« mit seinem Gesamtgewicht von über 25 t nicht den deutschen Bestimmungen der Straßenverkehrszulassungsordnung (StVZO) entsprach und nur in einigen Exemplaren mit Sondergenehmigung an Ölbohr- und Schwertransportfirmen abgesetzt werden konnte, blieb nur der Ausweg, das Fahrzeug in den Export zu schicken. Die nordafrikanischen und die orientalischen Länder boten sich hier für den Kraftprotz mit dem hitzeunempfindlichen Triebwerk an.

Die spektakuläre Werbefahrt eines mit 12 t Fracht beladenen »Uranus« durch französische Kolonien von Tunis bis Fort Lamy im Tschad im Jahre 1957 demonstrierte die extreme Geländegängigkeit dieses Modells. Das auch in der Werbung bezeichnete »Wüstenschiff« hatte ein zusätzliches Sonnenschutzdach erhalten, da damals noch keine Klimaanlagen zur Verfügung standen. Zwei spezielle Luftfilter sorgten dafür, dass kein Flugsand angesaugt wurde. Zusatz-Dieselölkanister und gelochte Unterlegschienen (sogenannte »Pattonteppiche«) wurden für Notfälle mitgeführt. Innerhalb von 31 Tagen bewältigten die beiden Werksfahrer pannenfrei die Sahara-Strecke über Sandpisten und Geröllfelder und kamen somit auf insgesamt 9000 km.

Unabhängig von gesetzlichen Bestimmungen über höchstzulässige Maße und Gewichte konnte der »Uranus« im Orient gut verkauft werden, wo er sich als Fernverkehrslaster mit langer Pritsche und beim Aufbau von Erdölfeldern bestens bewährte.

Das äußerst robuste Ulmer Modell A 12000 präsentierte Magirus-Deutz nochmals für deutsche Kunden auf der Frankfurter IAA von 1957 als Meiller-Muldenkipper unter der Bezeichnung »Uranus 170 AE MK«, vorgesehen »zum Transport schwerster Lasten abseits befestigter Straßen«. Der hier eingesetzte Achtzylinder-Baukastenmotor F 8 L 614 mit 170 PS gab dem Laster ausreichend Kraft; der Verkaufspreis konnte mit dieser Achtzylindermaschine gesenkt werden. Insgesamt kam der bis 1967 gebaute Schwerstlastwagen auf 1567 verkaufte Exemplare.

En haut à gauche:
Un URANUS pendant un voyage d'essai à travers le Sahara.

En haut au centre:
Le camion benne carrière URANUS équipé du moteur Diesel-Deutz 8 cylindres de 170 CV.

En bas au centre:
L'URANUS Magirus-Deutz équipé d'une grue spéciale (Véhicule de dépannage).

En haut à droite:
Le tracteur URANUS pour le transport de matériaux lourds équipé du moteur Diesel-Deutz 12 cylindres de 250 CV.

En bas à droite:
Le tracteur pour semi-remorques URANUS pour transports spéciaux; en service dans une compagnie pétrolière, chargé de matériel de forage.

Quelques photographies montrant différentes carrosseries de l'Uranus Magirus-Deutz, tout terrain, à trois essieux moteurs.

W 6/5012-173 f-4-9-57

Aufbautenvarianten im Orient.

Das »Wüstenschiff« schlechthin war und blieb der französische Berliet T 100 mit seinen bis zu 700 PS.

Der A 12000 inspirierte in Frankreich, das damals noch seine Kolonien in Nordafrika besaß, den Lastwagenhersteller Berliet in Lyon, ebenfalls ein »Wüstenschiff« zu bauen. Das Ergebnis war 1958 die Vorstellung des noch eine Klasse höher angesiedelten 6 x 6-Typs T 100 mit bis zu 700 PS starkem Cummins-Motor und Reifen mit 2200 mm Durchmesser. Dieses für den Baumaterialtransport in der Sahara vorgesehene Modell mit einer Breite von 4900 mm galt damals als größter und schwerster Lastwagen der Welt. Das Gesamtgewicht lag bei 100 t, wobei die Hälfte auf das Eigengewicht zu Buche schlug. Da sich in dieser Zeit der Verlust der Kolonien abzeichnete, blieb es bei drei Ausführungen; auf verschiedenen Automobilausstellungen, so auch aut der IAA 1959 in Frankfurt a. M. wurde ein Exemplar vorgeführt.

Uranus 170 A mit Schwerlastplattform und selbstabsattelbarem Auflieger, beladen mit Röhren für die Ölfeld-Exploration, 1957.

250-PS-Magirus-Deutz Uranus A mit Fruehauf-Schüttgut-Auflieger, 1959.

Uranus A in der Exportausführung mit zwangsgelenktem Pritschenauflieger, 1958.

Werbegrafik für den 250 PS starken Typ Uranus, 1957.

250-PS-Magirus-Deutz Uranus 250 A Chassis, 1957. (Foto: Iveco-Magirus-Archiv)

Mit Doppelkabine waren die 250-PS-Uranus auch als schwere Straßenzugmaschinen in den Armeen Belgiens und der Schweiz im Einsatz, 1957. Im Bild ein bestens restauriertes Exemplar. (Foto: Ralf Weinreich)

Allrad für Baugewerbe und Militär

Foto: Ralf Weinreich

Allrad-Fahrzeuge für die englische Besatzungsmacht

Der Bau von Allrad-Lkw war den deutschen Herstellern im westalliierten Industrieplan von 1947 untersagt worden. Als aber die British Army on the Rhine (BAOR) beziehungsweise die Royal Air Force – wie erwähnt – derartige Fahrzeuge in mehreren Losen bestellte, war der Bann gebrochen, ohne dass dieses Verbot offiziell außer Kraft gesetzt wurde. Gegenüber der Wehrmachtsausführung ließ sich beim neu aufgelegten A 3500 bei Traktionsschwierigkeiten im Gelände das Ausgleichsgetriebe sperren. Ab 1951 konnten erste Allradler auch an zivile Interessenten verkauft werden. Und in der Phase, als Frankreich 1952/53 die mit Deutschland (nicht realisierte) Europäische Verteidigungsgemeinschaft (EVG) anstrebte, war der Bau geländegängiger Fahrzeuge offiziell eingeplant.

Für Erprobungszwecke setzte das Werk mit Genehmigung amerikanischer und britischer Behörden, da es noch kein deutsches Außenministerium gab, einen Allradler in Ägypten ein. Gegenüber der hinteren Zwillingsbereifung erwies sich eine Einzelbereifung auf dem Sandboden praktikabler. Doch vor allem die westdeutsche Bauwirtschaft hatte einen enormen Bedarf an Allradfahrzeugen insbesondere für die Trümmerräumung und den Wiederaufbau. Die Anforderungen an solche Lastwagen waren ähnlich wie die des Militärs, denn auch diese legten Wert auf eine hohe Geländetauglichkeit – und eine lange Haube.

Nach vorherrschender Meinung bot eine derartige Ausführung eine bessere Zugänglichkeit bei Reparaturen, eine höhere Sicherheit bei Frontalzusammenstößen, eine bessere Schwerpunktlage im Gelände und eine kostengünstige Fertigung. Das interessierte nicht nur Unternehmer, sondern auch Exportkunden.

»Im Wiederaufbau nach dem Krieg«, so erklärte Geschäftsführer Dipl.-Ing. Adolf Wünsche (1917 – 1998) in einem Rückblick auf die Werksentwicklung 1964, »war zwangsläufig einer der Hauptabnehmer die Bauwirtschaft. Es wurden daher die Fahrgestelle vor allem im Hinblick auf die Erfordernisse des Baustellenbetriebes weiterentwickelt.«

Besondere Anforderung beim Allrad-Antrieb

Kipper sind auf jeder Baustelle zu sehen. Sie müssen ganz besonders robust und haltbar sein. Und Allradantrieb kann auch nicht schaden, denn im Gelände kommt es nicht nur auf das Drehmoment des Motors an, sondern auch auf die Belastung der Antriebsachse und die Ausstattung mit entsprechenden Reifen. Wenn die Räder durchdrehen – und bei einer fehlenden Differentialsperre reicht sogar ein einzelner Reifen – bleibt man stecken, und dann braucht's schweres Gerät, um den Lkw wieder flott zu kriegen. Beim Allradantrieb dagegen bringen alle Achsen und Räder das Drehmoment auf den Boden. Mit Geländeuntersetzung sind dann sogar Steigungen zu bewältigen, es kommt halt auf den Bodendruck an, den der Lkw erzeugen kann und den Haftkoeffizienten der Reifen. Natürlich kosten die für einen Allradantrieb zusätzlich benötigten Baugruppen (Vorderachse, Verteilergetriebe, Differenziale) Leistung und bringen Gewicht: der Baustellen-Saturn 145 zum Beispiel hatte lediglich 11 t Nutzlast und nicht, wie etwa die Sattelversion, 12 t. Daher lassen sich diese, wenn sie nicht benötigt werden, abschalten beziehungsweise laufen im Verteilergetriebe leer mit. Aufgrund der im Gelände auftretenden Verwindungen, die durch die Unebenheiten hier hervorgerufen werden, muss der Rahmen übrigens »weich« ausgelegt sein, um »örtliche Überbeanspruchungen« (Wünsche) zu vermeiden. Ein Rahmen muss also ein gewisses Maß an Verschränkung zulassen. Je weicher ein Rahmen, desto größer die Verwindungsfähigkeit, damit die Räder in möglichst jeder Situation Bodenkontakt haben. Andererseits ist ein starrer Rahmen auf der Straße besser, ein Lkw-Fahrgestell ist also immer ein Kompromiss. Letztlich versahen die Ulmer Konstrukteure alle Dreiachser mit dem gleichen, im Bereich des Doppelachsaggregats mit U-Profilen verstärkten Rahmen. Beim Aufbau als Dreiseitenkipper mit Meiller-Mulde – diese Ausführung war die Regel – hatten sie einen Metall-Hilfsrahmen auf den Hauptrahmen aufgeschraubt bekommen

Werbeblatt zum Allrad-Kipper A 4500, gestaltet von Grafiker A. Mundorff, 1954.

90-PS-Magirus-Deutz A 4500, 1954.

Die Problematik mit dem Allrad-Rundhauber

Der erste, nach diesen Prinzipien aufgebaute neue Magirus-Baulastwagen der Nachkriegszeit war der 1951 in Frankfurt gezeigte S 6500 mit der markanten Rundhaube. Diese sollte einheitlich für alle Haubenfahrzeuge verwendet werden, also auch für die Baufahrzeuge. Allerdings zeigten erste Praxistests, dass die Verwindungen des Chassis im harten Geländeeinsatz zum Aufspringen und zu Beschädigungen der sogenannten Alligatorhaube führten. Da dieses Problem kurzfristig nicht zu beheben war, wurde das bewährte Eckhauber-Modell A 3500 in der mit HD-Bereifung und eckigen Kotflügeln zum A 4500 erstarkten Allrad-Pritschen- und Kipperversion bis 1955 weitergebaut, wobei neben deutschen Bauunternehmern die BAOR, die belgische und die schweizerische Armee größere Stückzahlen abnahm, denn, so Wünsche: »Beim Einsatz auf Baustellen treten Beanspruchungen auf, wie sie früher nur von den militärischen Geländefahrzeugen bekannt waren.« So wurde für die zivilen Kunden ein Zwischentyp geschaffen, der die modifizierte Eckhaube mit dem neuen Fahrerhaus mit seiner geteilten Frontscheibe kombinierte.

Rundhauber-Prototyp A 6500 mit aufspringender Motorabdeckung beim Geländetest.

Erfolg mit dem schweren Wiederaufbauhelfer A 6500

Mitte 1953 hatte der leistungsfähige A 6500 als Baustellenlaster seinen ersten Auftritt, so dass Magirus-Deutz wieder in der schweren Klasse vertreten war. Die breite Kastenhaube mit dem rechteckigen Lüftungsgitter an der Frontseite überdeckte die Maschine und war rein nach Zweckmäßigkeitsgründen entwickelt worden. Die seitlichen Abdeckbleche wurden mit Knebeln fixiert und konnten sich – allerdings auf Kosten des Lacks – bei Geländefahrten verschieben. Diese kantige Haube über dem raumsparenden V-Sechs-Motor prägte bis 1971 die Optik der Baustellenlaster. Das Stahlblech-Fahrerhaus, das Ähnlichkeit zum Übergangstyp des S 3500 von 1949 zeigte, war innen nahezu identisch mit dem des Rundhaubers. Abgewinkelte Kotflügel deckten großzügig die Vorderräder ab. Aufgrund der stabilen Bauweise und verstärkter Bereifung konnte beim A 6500 die Nutzlast auf 7,6 to erhöht werden; das neue Modell nannte sich folglich A 7500, wenig später »Jupiter« in der ab 1958 ansprechenden Planetenbezeichnung.

Werbeblatt zum Allrad-Kipper A 6500 mit Aufbauszene im Hintergrund, 1953.

175-PS-Allrad-Kipper A 6500 auf einer Baustelle, 1953.
(Foto: Iveco-Magirus-Archiv)

Zeichnung mit dem Allrad-Muldenkipper A 6500 auf einer Baustelle im Gebirge, 1953.

Kipperparade mit Baureihe A 7500 vor der Donau-Halle in Ulm, 1955.

Genaue Vorgaben des Militärs

Nachdem die Aufstellung der von Frankreich geplanten EVG am eigenen Veto in der Beschlussfassung gescheitet war, und Bundeskanzler Dr. Konrad Adenauer nun den Weg in Souveränität der Bundesrepublik in der Eingliederung in die Nato sah, entwickelte die 1950 schon eingerichtete Planungsbehörde »Amt Blank« unter der Leitung von Theodor Blank Pläne für die Aufstellung und Ausrüstung der geplanten Bundeswehr. Anders als früher war von Anfang an eine vollmotorisierte Truppe geplant. Es genügte aber nicht, bestehende Lastwagen mit einem olivgrünen Anstrich zu versehen. Die Truppe hatte noch präzisere technisch-taktische Anforderungen zu ihrem neuen Arbeitsgerät, so gab es Vorgaben in Bezug auf Stufenfahrt, Rampenwinkel, Bauchfreiheit und Watfähigkeit.

Anfangs galt die »Geländegängigkeit« als wichtigster militärischer Gradmesser für ein Fahrzeug der im Werden begriffenen Bundeswehr. Diese Einsatzfähigkeit eines Kraftfahrzeuges wurde in Abhängigkeit zu den von der Nato gegebenen Richtlinien definiert. Um teure Spezialentwicklungen zu vermeiden, sollten die neuen Militärlastwagen von normalen Zivillastwagen abgeleitet werden. Um preislich im Rahmen zu bleiben, sollten die 4 x 4- möglichst viele Komponenten aus den 4 x 2-Versionen übernehmen: Motor, Kühler, Kupplung, Wechselgetriebe sowie Hinterachse und auch Bremsen. Das sparte Kosten, zumal größere Reparaturen in zivilen Lkw-Werkstätten durchgeführt werden sollten, und da war es ja von Vorteil, wenn die Technik die Mechaniker vor keine Rätsel stellte.

So war zum Beispiel ein Fahrgestell mit möglichst großer Verwindungsfähigkeit und einer zuschaltbaren zweiten Übersetzung im Zwischengetriebe für Fahrten im schweren Gelände unabdingbar. Differentialsperren waren von Amts wegen nicht unbedingt notwendig, weil sie eine zusätzliche Beanspruchung der Seitenwellen und Gelenke bedeuteten, ergo eine potenzielle Fehlerquelle darstellten. Das Wechselgetriebe durfte über einen Nebenantrieb verfügen. Wenn ein solches verbaut war, musste ein Zapfwellenstumpf vorn und hinten zum Anschluss einer Gelenkwelle, etwa für den Seilwindenantrieb, vorhanden sein. Im Gelände war eine einzelbereifte Hinterachse in Augen der Militärs besser als eine zwillingsbereifte, denn eine Einzelbereifung reduzierte den Fahrwiderstand auf verschlammten Strecken und erhöhte die Einsatzgeschwindigkeit.

Ford-92-PS-Bundeswehr-Lkw der Nutzlastklasse 3 Tonnen.

Mercedes-Benz-145-PS-Bundeswehr-Lkw LG 315/46 der Nutzlastklasse 5 Tonnen.

MAN-130-PS-Bundeswehr-Lkw 630 L 2 A der Nutzlastklasse 5 t.

170-PS-Magirus-Deutz Jupiter bei der Demonstration der Geländegängigkeit, 1957. (Foto: Iveco-Magirus-Archiv)

tete. Alle elektrischen Aggregate waren schwallwassergeschützt auszuführen, die Fahrzeuge sollten ja watfähig sein.

Den vorderen Rahmenabschluss bildete ein kräftiger Stoßbalken mit Abschleppbolzenkupplung, hinten war er nur gestattet, wenn dieser Balken

THW-Jupiter aus Bundeswehr-Bestand, 2005.

MAGIRUS
Geländegängige Lastkraftfahrzeuge und Zugmaschinen
Feuerlöschfahrzeuge
Tragkraftspritzen • Teleskopmaste

DEUTZ
Luftgekühlte Vielstoffmotoren
Raupenschlepper • Lokomotiven • Strahltriebwerke

BW 4

KHD

DEUTZ
HUMBOLDT
MAGIRUS-DEUTZ
WESTWAGGON

KLÖCKNER-HUMBOLDT-DEUTZ AG · KÖLN

178-PS-Magirus-Deutz Typ 178 D 15 A mit Öffnung an der Motorhaube für den Einschub der Schwingfeueranlage, 1960.

178-PS-Magirus-Deutz Typ 178 D 15 A Pritschenwagen mit übergezogener Plane.

178-PS-Magirus-Deutz Typ 178 D 15 A mit Hinterkippaufbau.

keine Beeinträchtigung des hinteren Böschungswinkels verursachte. Wie im Zivilleben auch, bildete der Pritschen-Lkw die Basisausführung, die zweite, von Anfang an einzuplanende Aufbauvariante war der Einheitskofferaufbau. Dafür waren dann aber meist kleine Abänderungen notwendig, wie z. B. ein Ausleger für das Anbringen der Anhängerkupplung oder eine andere Auspuffführung, wiewohl das zu einer Verminderung der Watfähigkeit führte.

Besondere Fahrerhäuser

Der größte Unterschied zum Zivil-Lkw bestand im Fahrerhaus. Gewiss, es war aus Stahl, darin erschöpften sich aber die Gemeinsamkeiten. Es bestand aus einem Gerippe mit Stahlprofilen, das mit ebenen Blechen (leichterer Reparaturfähigkeit

wegen) zu beplanken waren. Eine freistehende, zweiteilige Windschutzscheibe und ein zusammenlegbares Segeltuchverdeck gehörten zu den weiteren, als unverzichtbar erachteten Merkmalen. An Stelle des Segeltuchverdeckes war auch ein Stahlblech-Hardtop mit Dachluke zulässig; es musste aber abnehmbar sein, um die schnelle Verlegung auf dem Luft- und Seeweg zu gestatteten und um die vorgeschriebene maximale Höhe nicht zu überschreiten. Das starre Fahrerhaus samt Motorhaube und Kotflügeln musste in drei Punkten gummigelagert werden, was bei größten Verschränkungen ein Verklemmen der Türen und der Motorhaube vermeiden sollte. Das Fahrerhaus war dreisitzig, einzig der Sitz des Fahrers war verstellbar. Die Türen waren an ihrer hinteren Ecke stark abgeschrägt, um gut ein- und aussteigen zu können, auch wenn der Wagen nahe an Erdwällen, in Hohlwegen oder neben anderen Hindernissen stand. Die Motorhaube musste sich nahezu senkrecht öffnen lassen.

178-PS-Magirus-Deutz Typ 178 D 15 A als Sattelzugmaschine, 1960.

170-PS-Magirus-Deutz A 6500 als »Feuerlösch-Kfz 4500/450 l Wasser/Schaumittel« mit Magirus-Aufbau, 1958.

170-PS-Magirus-Deutz Jupiter »Feuerlösch-Kfz 3800/400 l Wasser/Schaummittel« mit Bachert-Aufbau, 1960.

Die Windschutzscheibe aus Sicherheitsverbundglas war plan, zweiteilig und nach vorn abklappbar, einschließlich der gesamten Scheibenwischeranlage. Das Rückfenster im Fahrerhaus war ebenso vorgeschrieben. Es war geteilt und zur Hälfte verschiebbar, um sich nach hinten verständigen zu können, sofern eine Pritsche mit Sitzbänken oder z. B. ein Kofferaufbau aufgesetzt war. Heizung und Entfrosterdüsen waren Pflicht, Bedienungsinstrumente und Schalter hatten einheitlich zu sein. Die seitlichen Auftritte bestanden aus Rohrbügeln und schmalen Trittblechen; die Kotflügel waren eckig gehalten, um als Sitzgelegenheit bei Wartung und Reparaturarbeiten dienen zu können. Außerdem ging man davon aus, dass sich gerades Blech leichter auswechseln lässt als gebogenes. Natürlich waren auch die Aufbauten genormt. Am häufigsten beschafft wurden Fahrzeuge mit Pritschen- und Kofferaufbau.

178-PS-Magirus-Deutz Typ 178 D 15 A als Flugfeldtankwagen für 6000 Liter Kerosin, 1961.

Großaufträge aus der Hardthöhe

Gemäß der nun geltenden Nato-Klassifizierung unterteilte die Bundeswehr ihren Fuhrpark in fünf Nutzlastkategorien und achtete darauf, dass möglichst alle deutschen Lkw-Firmen in die Ausschreibungen mit einbezogen wurden. In der Nato-Klasse bis 2 t Gesamtgewicht machten der Auto Union-Typ F-91/4 mit Kübelaufbau und der Borgward-»Lkw 0,75 gl (4x4)« mit Kübelwagen- und Pritschenaufbau das Rennen. Der Opel »Blitz A – 0,75 t« schied aufgrund seines höheren Anschaffungspreises aus. In der Klasse der geländegängigen Anderthalbtonner winkten Beschaffungsaufträge in Höhe von 25.000 Stück, hier war der Unimog S nicht zu schlagen. In der dritten Kategorie der mittleren Lkw war der Ford 3-Tonner angesiedelt, ein Nachbau des Wehrmachtstyps mit aktualisierter Motorhaube, unter der der alte, durstige V-Achtzylinder-Vergasermotor steckte. In der neuen Fahrzeugpalette der Bundeswehr zeichnete sich der Oldtimer durch hohe Umsturzgefahr aus. Jeder Schirrmeister war heilfroh, als schon nach zehn Jahren Einsatz dieses als »Nato-Ziege« bezeichnete Gefährt ausgesondert wurde. In der Klasse der schweren Lkw mit einem Gesamtgewicht von 10 bis 15 t Gesamtgewicht und einer Nutzlast von 4,5 bis 8 t kamen Daimler-Benz und MAN zum Zuge. Der Bau der taktischen Fahrzeuge in der Klasse der überschweren Fahrzeuge mit Gesamtgewichten über 15 t ging an die FAUN-Werke in Schnaittach bei Lauf a. d. Pegnitz. (Henschel in Kassel lieferte eine teilmilitarisierte Serie von Frontlenkern. Büssing in Braunschweig erhielt neben Aufträgen für Bundeswehr-Omnibusse Bestellungen für Paketpostwagen; Krupp in Essen hingegen

178-PS-Magirus-Deutz Typ 178 D 15 A mit Wegmann-Raketenwerfer in Feuerstellung, 1970.

178-PS-Magirus-Deutz Typ 178 D 15 A mit Wegmann-Raketenwerfer bei einer Vorführung auf dem Nürburgring, 1970. (Foto: Bundesarchiv B145_Bild F029231-0003/Schaack, Lothar)

178-PS-Magirus-Deutz Typ 178 D 15 A Abschleppwagen mit WILHAG-5,5-t-Teleskopkran, 1964. (Foto: Ralf Weinreich)

Sprechen Sie mit unseren Fachleuten
Wir bauen vielseitig verwendbare hydraulische Arbeitsbühnen mit 300 kg Tragkraft bei einer Reichweite von 15,0 m und einer Arbeitshöhe von 18,7 m. Der WILHAG-Aerolift AL 201 hilft Ihnen bei der Lösung Ihrer Montage oder Reparaturprobleme. Die Spezialausführung dient der Feuerwehr als Lösch- und Rettungsgerät im Katastrophenfall. Schreiben Sie uns und lassen Sie sich von der Leistung dieses Aeroliftes überzeugen.
40 JAHRE
WILHAG
Wilhelm Hagenkamp KG, Bagger- und Kranbau
4018 Langenfeld bei Düsseldorf, Telefon 15051,
Telex 08515845 · Niederlassungen in Braunschweig,
Frankfurt, Hamburg, München, Nürnberg, Stuttgart

schied nach der Vorstellung des Allradfahrzeugs »Drache« aus, zumal die Fertigungskapazität für staatliche Aufträge nicht gegeben war.)

Da nun die entsprechende Lobby-Arbeit den bayerischen Automobilwerken in Nürnberg, Schnaittach und Ingolstadt sowie dem schwäbischen Hersteller Daimler-Benz große Aufträge beschert hatte, und der Rückfluss der Bundeseinnahmen anhand eines festgelegten Schlüssels an diese Bundesländer ausgeglichen war, musste unter dem damaligen Bundesminister der Verteidigung, Franz-Josef Strauss, für den Ulmer Fahrzeughersteller eine Lösung gefunden werden. Diese bestand dann in der Neuschaffung der taktischen 7 t-Nutzlast-Kategorie für die Bundeswehr. Die Ausschreibung sah die Beschaffung von über 1100 Lastwagen vor. Als Sofortlieferung gingen rund 500 »militarisierte« Zweiachs-A 6500-Modelle mit dem F 8 L 614-Diesel mit 170 PS an die Bundeswehr. Der unerwartete Auftrag führte dabei dazu, dass das bekannte Ganzstahlfahrerhaus aufgesetzt wurde, dass mit einer Dachluke mit einem MG-Kranz für den Luftraumbeobachter versehen war. Mit Ganzstahl- und ab 1958 mit dem gemäß Bundeswehr-Lastenheft geforderten offenen Fahrerhaus mit dem Planenverdeck lieferten die Ulmer den A 6500 mit einer Fünfmeter-Pritsche von 1956 bis 1960 in weiteren 606 Exemplaren.

Die gewünschte Großserienausführung des Bundeswehr-»Jupiters«, ab 1964 unter der Bezeichnung 178 D 15 A 6 x 6 besaß ab 1958 das Militärfahrerhaus mit Segeltuchverdeck. Das Achtzylindertriebwerk F 8 L 714 A mit 178 PS arbeitete als Diesel- oder im Bedarfsfalle als Vielstoffmotor mit einer Kaltstarteinrichtung. Der Vielstoffmotor konnte mit Kerosin, Petroleum oder (im Vergaserbetrieb) mit Benzin betrieben werden; normalerweise nutzte die Bundeswehr über den Essener Händler Brenntag preisgünstigen Dieselkraftstoff aus russischen Quellen, der in der DDR-Raffinerie Schwedt an der Oder so gut es ging von Schwefelpartikeln befreit wurde.

Um ein zuverlässiges Starten des Motors auch bei extrem niedrigen Temperaturen sicherzustellen, konnte eine Schwingfeueranlage an die Ölwanne des Motors eingeschoben werden, die das Motoröl schnell erwärmte. Äußerlich sichtbar war diese Technik an der auffallenden runden Öffnung am Frontgitter.

Hydraulische Arbeitsbühne der Firma WILHAG auf Magirus-Deutz-Lkw 178 D 15 A, 1964. ←

Alle drei Achsen mit Einzelbereifung waren mit Planetenantrieben versehen und verliehen dem Lkw eine ausgezeichnete Geländegängigkeit. Auf der Stoßstange war eine 7-t-Vorbauseilwinde der Firma Rotzler in Steinen bei Lörrach eingebaut.

Während der größte Teil der 7-Tonner mit Pritschenaufbauten versehen wurde, wurde ein geringerer Teil mit Spezialaufbauten versehen. So erhielt nahezu jedes Bataillon ab 1962 einen »Jupiter«-Autokran mit einer Hubleistung von 4-, später 5,5 t.

Die Firma Wilhag (Wilhelm Hagenkamp KG in Langenfeld) und die Firma Georg Kirsten Kran- und Hebetechnik in Kell am See steuerten den immer wieder modifizierten Teleskopkran bei. Die vier seitlichen Stützen konnten hydraulisch ausgefahren werden.

Für die Fliegerhorste bestellte das Bundeswehrbeschaffungsamt den Flugfeldtankwagen auf dem »Jupiter 6 x 6«-, ab 1965 auf dem neu bezeichneten Fahrgestell 178 D 15 A mit einem 6000-Liter-Kessel und zwei ausschwenkbaren Betankungsanschlüssen der Firma Strüver KG in Hamburg.

Nachdem die Luftwaffe 1958 für ihre Flugplätze den A 6500 als Feuerlöschfahrzeug mit Magirus-Aufbau erhalten hatte, wurde sie ab 1961 mit dem Tanklöschfahrzeug TLF 3800/400 auf »Jupiter 6 x 6« (ab 1964 Typ 178 D 15 A) mit Bad Friedrichshaller Bachert-Aufbau ausgestattet. Das mit einer 30-Meter-Schnellangriffseinrichtung versehene Modell führte 3800 Liter Wasser und 400 Liter Schaummittel in verzinkten Kammern mit sich. Eine Plexiglaskuppel war anstelle der Dachluke aufgesetzt. Fünf Soldaten gehörten zur Besatzung.

Eine weitere Version bildete die dreiachsige Zugmaschine, die einen Stufen-Pritschenauflieger mit Planenabdeckung aufnehmen konnte.

Schließlich erhielten in den Jahren 1969 bis 1971 die Raketen-Bataillone der Bundeswehr 209 Raketenwerfer 110 SF der Firma Wegmann in Kassel auf dem 178 D 15 A-Fahrgestell mit leicht gepanzertem Fahrerhaus. Das unter der Nato-Bezeichnung LARS 1 geführte Leichte Artillerieraketensystem besaß zwei richtbare Pakete mit je 18 Rohren, die Splitter-, Nebel- und Minenraketen zur Bekämpfung von Flächenzielen verschießen konnten.

In all diesen verschiedenen Versionen erhielt die Bundeswehr bis 1971 insgesamt 9436 Exemplare, die sich zuverlässig bewährten.

Feuerwehr-Fahrzeuge der 1. Eckhauber-Generation

Foto: Ralf Weinreich

Vom Leiterwagen bis zum schweren Kran- und Bergefahrzeug

Der ab 1963 in der Fertigung stehende »Mercur 126« in der Kastenhauben-Version mit Staffelkabine diente dem Leiterwagen DL 25 h oder DL 30 h mit vierteiligem Leitersatz als Unterbau. Über zwei Hydraulikstempel wurde die Leiter punktgenau aufgerichtet. Die Stabilität am Einsatzort musste noch über Spindeln gesichert werden.

Der »Mercur 126 A« in der Allradversion bildete den Ausgangspunkt für das Löschgruppen-Fahrzeug LF 1/16 TS mit Kofferaufbau und Gruppenkabine. Ein Kunststofftank für 800 oder 1600 l Wasser befand sich im Innern des Fahrzeugs; die über eine dreiteilige Gelenkwelle angetriebene Kreiselpumpe sorgte für den Ausstoß des Wassers. Feuerwehren, die auf Einsätze in Waldgebieten vorbereitet sein mussten, schätzten dieses Modell mit seinem Allradantrieb.

Das Tanklöschfahrzeug TLF 16 auf dem Fahrgestell 150 D 10 A von 1965 war ebenfalls für unwegsames Gelände vorgesehen. Der eingebaute, auf drei Gummilagern auf dem Chassis-Rahmen befestigte und beheizbare Löschwasserbehälter fasste 2400 oder 2800 l Wasser. Im Heck waren die Kreiselpumpe und die Schlauchhaspel angebracht. Seitliche Klappen gaben Zugang zu den Geräten. Auf dem Dach befand sich neben Einreißhaken eine vierteilige Steckleiter.

Eine weitere Version bildete das Zubringer-Löschfahrzeug ZB 6/24 auf dem Magirus-Deutz-Fahrgestell 200 D 16 A von 1971, das über einen 5500 l-Wasser- und einen 500 l-Schaummitteltank verfügte. Das Schnellangriffsrohr besaß eine Wurfweite von 50 bis 65 m. Hinzu kamen zwei seitliche Schlauchhaspeln mit Spritzen. Über die mitgeführten C-Rohre konnte Wasser aus Teichen oder Flüssen gepumpt werden.

Das Großtanklöschfahrzeug geht auf eine Forderung der Civil Aviation Organization (ICAO) zurück, als der Flugverkehr mit großen Düsenfliegern zum Standard wurde. Magirus-Deutz war hierfür schon 1961 gerüstet, als erste derartige Fahrzeuge für große Industrieunternehmen konzipiert wurden. Der Großraumtanker FLF 25 S in Sattelzugbauweise mit Rund- und Eckhauber-Sattelzugmaschine A 7500 bzw. »Jupiter« 4x4 führte beispielsweise 12.000 l Wasser und 1200 l Schaum oder 8000 l Wasser, 800 l Schaummittel, 1500 kg Trockenpulver und 32 Flaschen CO_2 mit sich. Mit einem Wendestrahlrohr

Feuerwehrfahrzeuge und Kommunalfahrzeuge

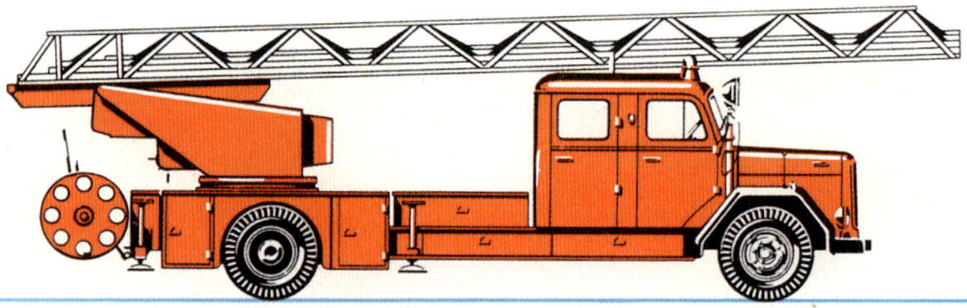

Seit nunmehr 100 Jahren baut Magirus als größte Feuerwehr-Gerätefabrik Europas Feuerwehr-Fahrzeuge und -Geräte, die in der ganzen Welt Verbreitung gefunden haben

Als einzige Feuerwehr-Gerätefabrik fertigt Magirus das vollständige Fahrzeugprogramm. Das komplette Fahrzeug — Fahrgestell, Motor, Karosserie und feuerwehrtechnischer Teil — alles aus einer Hand

Schlammsaugewagen für die Reinigung der Gullys und Spülwagen für das Entschlammen der Kanalrohre mittels Hochdruck-Spüldüse

Preßmüllwagen, ein komplettes, eigenes Erzeugnis mit hohem Verdichtungsverhältnis und hydraulischem Einfördervorgang

MAGIRUS
DEUTZ

Alle Magirus-Deutz Nutzkraftfahrzeuge werden serienmäßig mit den bewährten luftgekühlten Deutz-Dieselmotoren — Leistung 85, 90, 120, 126, 150, 195, 200 und 235 PS — ausgerüstet. Robuste Bauart, hohe Wirtschaftlichkeit und lange Lebensdauer sind seit jeher kennzeichnend für das Fabrikat Magirus-Deutz.
Die Klöckner-Humboldt-Deutz AG — älteste Motorenfabrik der Welt und Geburtsstätte des Viertakt-Motors — ist der größte Produzent luftgekühlter Dieselmotoren. Weit über eine halbe Million Motoren mit mehr als 35 Millionen PS wurden bis heute gefertigt.

Klöckner-Humboldt-Deutz AG · Werk Ulm

Änderungen in Konstruktion und Ausstattung vorbehalten

505 - 300 - 8. 63 L

und weiteren Schlauchleitungen ließen sich Großbrände effektiv bekämpfen.

Das robuste 250-PS-Dreiachsfahrgestell des »Uranus« eignete sich hervorragend für den Aufbau eines Kranes, um verunglückte Fahrzeuge und Baumaschinen zu bergen oder entgleiste Straßenbahnen wieder in die Spur zu setzen. Der von Magirus-Deutz 1957 entwickelte, um 360° schwenkbare Ausleger mit 15 t Tragfähigkeit wurde hydraulisch und damit äußerst feinfühlig bewegt. Das Spill besaß eine Zugkraft von 15 t. Bis 1976 entstanden die Ausführungen KW 15, KW 16, KW 20 mit bis zu 270-PS-Motoren in 54 Exemplaren.

170-PS-Magirus-Deutz F Jupiter HD als Magirus-Drehleiter DL 37 h, 1955.

120-PS-Magirus-Deutz Drehleiter DL 22 h, 1958. (Foto: Alexander Oertle)

Magirus-Eckhauber-Feuerwehrparade. (Foto: Ralf Weinreich)

Montage der Feuerwehrfahrzeuge, um 1960.

Überzeugende Darstellung der Drehleiter DL 25 h/30 h, 1967.

Magirus-Deutz 150 D 10 A Löschgruppenfahrzeug LF 16 TS, 1964. (Foto: Alexander Oertle)

150-PS-Magirus-Deutz F 150 D 10 A Tanklöschfahrzeug TLF 16 neben einem TLF 170 D 11 FA, 1965.←

150-PS-Magirus-Deutz F 150 D 10 A Tanklöschfahrzeug, um 1967.

200-PS-Magirus-Deutz F 200 D 16 A Zubringerfahrzeug ZB 6/24 für 5500 l Wasser und 500 l Schaum sowie einem Schnellangriffsrohr, 1971.←

Großraum-Löschfahrzeug FLF 25 S für 12.000 l Wasser und 1200 l Schaummittel in Sattelzugbauweise auf 195-PS-Zugmaschine Jupiter, 1964. (Foto: Alexander Oertle)

Bestens erhaltene Rüstkranwagen RKW 10 auf Magirus-Deutz FM 200 D 16 FA, 1964. (Foto: Ralf Weinreich)

EIN SYMBOL FÜR STÄRKE
UND LEISTUNGSFÄHIGKEIT
Der Magirus-Hydro-Kranwagen KW 15, mit 15 to-Kran, 15 to-Spill-Seilwinde und einem außergewöhnlich großen Benutzungsfeld, leistet vor allem in Großstädten unentbehrliche Dienste. In der letzten Zeit wurde der KW 15 an folgende Berufsfeuerwehren geliefert: Berlin, Bochum, Bremerhaven, Dortmund, Mainz, Stuttgart, Wien und Wuppertal.
Unser Feuerwehr-Lieferprogramm umfaßt außer Sonderfahrzeugen: Tragkraftspritzen, Löschfahrzeuge und Leitern von 12 bis 50 m Steighöhe in der bewährten Magirus-Qualität. Wir senden Ihnen gern unverbindlich ausführliches Informationsmaterial.
MAGIRUS
KLÖCKNER-HUMBOLDT-DEUTZ AG · WERK ULM

Eindrucksvolle Darstellung des Einsatzes des »Magirus-Hydro-Kranwagens KW 15«, 1958.←

Diese baugleiche Fahrzeug war bei der U.S. Army in Bremerhaven im Einsatz. Am Ende seiner »Dienstzeit« war es nur noch ein »großer Haufen Schrott« und wurde von den Mitgliedern der »Interessengemeinschaft zur Erhaltung Historischer Fahrzeuge e.V. Wilhelmshaven« über mehrere Jahre hinweg sorgfältig restauriert. (Foto: Ralf Weinreich)↑↓

250-PS-Magirus-Deutz Uranus KW 16 mit 16-t-Kran-Aufbau, 1962. (Foto: Alexander Oertle)

Politische Querelen, neue Bezeichnungen und neue Modelle

Foto: Ralf Weinreich

Die strangulierende Seebohm-StVZO

Mitte der Fünfziger schwelte ein Streit zwischen Verkehrswirtschaft einerseits und Verkehrsministerium andererseits um die künftigen Längen- und Gewichtsbestimmungen, denn die seit 1949 gültigen internationalen Maße und Gewichte sollten für Deutschland nicht mehr gelten. Das hatte, so sah es die Lkw-Branche, keine sachlichen, sondern politische Gründe, denn die Konkurrenzfähigkeit des Staats-Betriebes Bundesbahn sollte erhöht werden, um dem Finanzminister höhere Einnahmen zu bescheren beziehungsweise weniger Zuschüsse abzuverlangen: Die Bahn sollte auf Kosten des Straßentransports saniert werden, zumal die Bundesbahn Bauaufträge im Ausland (z. B. in Frankreich) aus der Kriegszeit noch bezahlen musste. Die Vorschläge, die der Verkehrsausschuss des Bundestages am 7. Dezember 1955 nach über einjähriger Beratung auf den Tisch legte, hatten es in sich und gingen weit über das hinaus, was die Verkehrswirtschaft als für gerade noch tragbar hielt, nämlich 32 t Gesamtgewicht, 18 m Länge und 10 t Achslast. Diese Limits waren international im Gespräch. Dem setzten das Bundesministerium für Verkehr unter der Leitung von Dr.-Ing. Hans-Christoph Seebohm höchstens 16 m Gesamtlänge, 28 t Gesamtzuggewicht, acht Tonnen Achslast und ein Gewichtsverhältnis von 1:1 zwischen Zugfahrzeug und Anhänger entgegen. Das war weitaus schlimmer als befürchtet und ganz weit weg von den bisherigen Regelungen. Und, vor allem: Im Ausland galten andere, laxere Regeln. Anfang 1956 war zwar noch nichts entschieden, doch im Bund diskutierte man schon über die nächste Verschärfung: Die Rede war von 14 m Gesamtlänge und 24 t Gesamtzuggewicht, was zum Juli 1960 gelten sollte. Bereits zum 1. Januar 1958 sollten, als erster Zwischenschritt, wohl noch 32-t-Lastzüge fahren dürfen, aber nur, wenn der Anhänger vor diesem Stichtag zugelassen worden war. Das heißt: Ein Schwerlastwagen mit 16 t Gesamtgewicht durfte, die 1:1-Formel bezüglich des Verhältnisses von Anhänger und Motorwagen zugrundegelegt, einen vor 1958 gebauten 16-t-Dreiachshänger ziehen. Spätestens zum 1. Juli 1960 durften nur 16-t-Lastwagen nur noch eine Zweiachsanhänger ziehen, um das zulässige Gesamtgewicht von 24 t nicht zu überschreiten. Ab 1958 waren daher die klassischen Dreiachs-Anhänger völlig unverkäuflich, ihr Bau wurde (vorübergehend) komplett eingestellt, was die Anhängerhersteller in große Schwierigkeiten

Bundesverkehrsminister Dr. Hans-Christoph Seebohm

Hochbauszene mit A 4500 Mercur, 1956.

Baustellenszene mit A 4500 Mercur, 1956.

brachte. Im Verkehrsausschuss hatte die Politik aber nicht nur die neuen Maße und Gewichte der Lkw festgezurrt, es gab auch eine ganze Reihe weiterer Änderungen und Ergänzungen zur Straßenverkehrs-

Werbegrafik von A. Mundorff zum 85-PS-Magirus-Deutz Allrad-Kipper A 4500 Mercur, 1956.

ordnung. Dazu gehörte das 50 km/h-Limit innerorts für alle Pkw und Lkw und ein 60 km/h-Limit außerorts für Lkw ab 7,5 t. Weitere Änderungen im Regelwerk sollten kommen, doch anders als vom Bundesverkehrsministerium gedacht: Anstelle der am 1. Juli 1960 auslaufenden Übergangsregelung passierte zunächst einmal – nichts. Denn inzwischen war klar, dass die neuen Verordnungen europaweit gelten sollten. Die traten erst zum Mai 1965 in Kraft. Im Segment der Schwerlaster waren war nun ein Gesamtgewicht von 38 t und eine Gesamtzuglänge von 18 m beim Hängerzug und 15 m beim Sattelzug verbindlich vorgeschrieben. Die Achslast war auf 10 t begrenzt und die Lenkradien auf 12 m im Außenkreis und 6,5 m im Innendurchmesser. Diese Werte waren akzeptabel, zumal, wie die Lkw-Bauer sich gewünscht hatten, nun 10-t-Achsen verbaut werden konnten

– was auch Magirus als Hersteller von schweren Baufahrzeugen zupass kam.

Der Seebohm nachfolgende Verkehrsminister, Georg Leber, hob 1968 das Gesamtgewicht des Zweiachsers auf 17 t, des Dreiachsers auf 24 t und des Lastzuges auf 40 t an; für die Nutzfahrzeugindustrie bedeutete dies eine erneute Änderung des Angebotsprogramms. Gleichzeitig stieg die vorgeschriebene Mindest-Motorleistung auf 8 PS/t. Die Schleichfahrten der Laster an Steigungsstrecken konnten dadurch reduziert werde; für die Fahrzeugindustrie bedeutete dies aber, die Motoren anzupassen oder neue Triebwerke zu entwickeln.

Brückenbauszene mit Allrad-Kipper A 4500 Mercur mit Stahlpritsche, 1957

Aufbau eines neuen Nachkriegsprogramms

Während in der ersten Nachkriegszeit die einst verbliebenen Baureihen wieder notdürftig aufgelegt werden konnten, ließ die Währungsreform mit stabilem Geld den Aufbau eines neuen und breiter ausgelegten Programms zu. Wie bei allen Lkw-Produzenten wuchs das Magirus-Programm daher im Laufe der Fünfziger stark an, und das Baukastensystem erlaubte eine mühelose Ausweitung des Produktionsprogramms in alle erforderlichen Gewichtsklassen.

Der erste Magirus-Lkw war der aus dem Kriegstyp hervorgegangene S 3500 von 1949, von dem zuletzt rund 300 Stück im Monat gebaut wurden. Zur IAA im Frühjahr 1951 präsentierten die Ulmer dann das erste Nachkriegsprogramm. Es umfasste

85-PS-Allrad-Kipper A 4500 Mercur.

Baustellenszene mit 112-PS-Magirus-Deutz Allrad-Kipper Mercur 112 AK, 1957.

zunächst den schweren S 6500 und ein Jahr später den leichten S 3500. Bei beiden handelte es sich um komplette Neukonstruktionen, sie verfügten über die charakteristische Rundhaube, die sogenannte »Alligatorhaube«, sowie Luftkühlung. Beim S 6500 war diese Haube allerdings größer und breiter gehalten. Es gab sie ausschließlich in Straßenausführung, Lkw mit Allradantrieb hatte Magirus zu diesem Zeitpunkt nur mit dem A 3500 im Programm. Auf dieser ersten Nachkriegs-IAA 1951 waren Daimler-Benz mit dem LA 3500 und Faun mit seinem Sechstonner schneller gewesen. Allerdings präsentierte Deutz hier zum ersten Mal seine Motorenbaureihe F 6 L 514 in Kombination mit dem ZF-Getriebe AK 6-50 samt Verteilergetriebe; damit war der Grundstein gelegt für den Bau von Allrad-Fahrzeugen. Tatsächlich beginnt mit diesem Typ die lange Tradition von Magirus-Deutz als Anbieter von Bau- und Spezialfahrzeugen. 1955 ergänzten der A 4500 – zunächst mit Vierzylindermotor und schmaler (alter) Haube, ab 1957 mit Standard-Eckhaube und V6-Motor und der A 6500 mit 170 PS starkem V8-Motor das Angebot. Mit verstärkter

Mercur AK beim Beliefern einer Baustelle mit Sand, 1958. (Foto: Iveco-Magirus-Archiv)

Bereifung löste er 1955 als A 7500 diesen schweren Baulaster ab. Darüber stand der gewaltige A 12000 der ersten Generation mit der breiten Haube. Das Baukastensystem führte zu einer einheitlichen Fahrerkabine und in der Länge unterschiedlich, kantig geschnittenen und leicht nach vorne abfallenden Hauben.

Die Magirus-Galaxie

Das Magirus-Programm zur Jahreswende 1959/60 umfasste, obwohl über 60 % des Umsatzes mit Baustellenfahrzeugen erzielt wurden, eine große Anzahl an Typen in Frontlenker-, Rundhauber- und Eckhauber-Ausführung.

Kleinster Vertreter war 1958 der Rundhauber »Sirius« beziehungsweise ein Jahr später der »Sirius 90 L«, der aufgrund seines zulässigen Gesamtgewichts von 7.49 t mit dem damaligen Pkw-Führerschein gefahren werden konnte. Während aber der »Sirius« über einen Vierzylinder-Dieselmotor mit 90 PS verfügte, hatte der Typ 90 L einen 90 PS starken Reihen-Sechszylinder aufzuweisen. Der Sechszylinder-Typ war als Pritschenwagen aufgebaut und vor allem für den Verteilerverkehr, gedacht; der Vierzylinder-Sirius hatte als Vertreter der Baulaster eine Kippbrücke.

Im Magirus-Universum darüber angesiedelt war der »Mercur 120« mit bis zu 5,7 t Nutzlast. Bei diesem mittelschweren Lkw sorgte ein 120 PS starker V6 für Vortrieb. Es gab ihn als Frontlenker, rundhaubigen Pritschenwagen, als Eckhauben-Dreiseitenkipper und als Allradler, in »L«-Ausführung mit verstärktem Rahmen, um 0,9 t höherer Nutzlast und automatisch geregeltem Kühlluftgebläse. Diese Variante war er in erster Linie für den Export bestimmt. In das deutsche Regelwerk passten diese Lkw mit ihren Spezifikationen nicht. Der deutsche Seebohm-Sonderweg in Sachen Zulassungsbestimmungen zwang somit die Hersteller, unterschiedliche Fahrzeuge für den Verkauf in Deutschland und den Export anzubieten. Allzu häufig waren Lkw in dieser Gewichtsklasse übrigens nicht auf Baustellen anzutreffen, sie hatten zu wenig Nutzlast. Ebenfalls als Frontlenker, Hauben-Pritschenwagen, Zugmaschine und Kipper mit und ohne Allradantrieb präsentierte sich die auf 145 PS erstarkte Baureihe »Saturn«. Der Leistungszuwachs war eine Folge der gültigen Tonnenregel, die eine Leistung von 6 PS pro Tonne Gesamtgewicht erforderte.

Prospektseite mit Allrad-Kipper Mercur AK auf einer Baustelle, 1958.

Baustellenszene mit Magirus-Deutz Allrad-Kipper A 4500/112 Mercur, 1957.

Erstmals gab es denn Saturn nun als Dreiachser, als 6x4-Frontlenker-Zugmaschine und in 6 x 6-Hauben-Konfiguration für den schweren Baustelleneinsatz. Beim Sattelzug kam der luftgekühlte Achtzylinder-Deutz mit 195 PS zum Einsatz, der Allradkipper hatte den normalen 145-PS-Deutz-V6 unter der Haube. Darüber angesiedelt war ab 1961 der »Jupiter« mit 150 oder 170-PS im Bereich von Nutzlasten von 7,8 bis 10 t. Zwei Jahre später wurde er mit neuer 195/200-PS-Maschine angeboten und blieb bis 1965 im Programm. Noch eine Stufe stärker mit 200-PS-V8-Motor war der »Pluto« in Frontlenker- und in Hauben-Ausführung. Diese konnte als Sattelzugmaschine, als Kipper mit oder

Magirus-Deutz Sattelzugmaschine

Mercur 120-S, Satteldruck 6,2 to, Gesamtzuggewicht 22 to

Die Magirus-Deutz Sattelzugmaschine Mercur 120-S ist das geeignete Fahrzeug für rasche und wirtschaftliche Transporte. Die Sattelzugmaschine kann während des Beladens und Entladens des einen Aufliegers weitere Transport-Aufgaben in Verbindung mit einem anderen Sattelauflieger durchführen, was Geld- und Zeitersparnis bedeutet. Der Sattelschlepper Saturn 120-S ist für Sattelauflieger aller Art verwendbar.
Höchste Wirtschaftlichkeit und Zuverlässigkeit charakterisieren die Magirus-Deutz Nutzfahrzeuge, die in aller Welt unter den verschiedensten klimatischen Bedingungen zur Zufriedenheit ihrer Besitzer im Einsatz sind.

MAGIRUS DEUTZ

Prospektblatt der 120-PS-Magirus-Deutz Sattelzugmaschine Mercur 120 S, 1963.

ohne Allradantrieb geliefert werden. Die Tonnage lag hier bei 8,25 bis 10,2 Tonnen. Spitzenmodell im Angebot blieb der 1957 eingeführte »Uranus«, der aus dem Boliden A 12000 hervorgegangen war. Sein Gesamtgewicht konnte er in der Bundesrepublik nur auf privatem Gelände ausnutzen. Dagegen war er als Dreiachs-Zugmaschine besonders für den Export interessant, bestückt mit dem 250 PS starken V12-Motor.

Dem Trend der Motorenhersteller, vom Vor- oder Wirbelkammersystem zur Direkteinspritzung überzugehen, kam Deutz, wie erwähnt, 1964 mit der Vorstellung einer neuen Motor-Generation nach. Die neuen Triebwerke zeichneten sich durch einen geringeren Treibstoffverbrauch aus; Wirbelkammer-Motoren kamen jedoch noch weiterhin zum Einbau. Während bisher nur das Logo des Ulmer Münsters das Lufteintrittsgitter zierte, kam ab diesem Bauabschnitt der unterhalb angebrachte Schriftzug Deutz hinzu.

Mit der Preisliste vom August 1964 änderten sich die Typenbezeichnungen der Ulmer Lkw. Das Allrad-Programm bestand aus den vier Zweiachs-Allradkippern 126 D 11 AK, 126 D 15 AK, 150 D 14

AK und 210 D 16 sowie den Dreiachsern 150 D 21 AK, 210 D 22 AK sowie 200 D 26. Auch hier waren nicht alle Fahrzeuge für den deutschen Markt gedacht. Die neue Nomenklatur war recht einfach zu durchschauen: Die erste Zahl gab die Motorleistung in PS an. Das D stand für die neuen luftgekühlten Direkteinspritz-Motoren und die folgende Zahl das zulässige Gesamtgewicht in Tonnen. Das AK stand für Allrad-Kipper, ein nachgestelltes F für Frontlenker und ein nachgestelltes K bezeichnete die normalen 4 x 2-Ausführungen. Von den seit 1951 gebauten Rundhaubern schaffte es übrigens nur der 7,5 Tonner, der ehemalige »Sirius als 85 D 7 K« in die Neuzeit, er stand bis 1967 für die Post im Verkauf. Seinen Platz innerhalb der Modellpalette nahmen dann die von Eicher übernommenen Sechstonner ein, die eine Reaktion auf die leichte Frontlenker-Baureihe 608 von Mercedes-Benz bildeten

Die inzwischen immer größere Produktion, insbesondere die Fertigung der Baustellen- und Exportlaster hatte im Werk II (Blaubeurerstraße) ein zweites Fließband erforderlich gemacht. Die Modelle bis 14 t-Gesamtgewicht liefen von Band 1, die Schwerlaster ab Baureihe »Jupiter« (ab 1964 126 D 15) von Band 2. Die Verwaltung, der Motorenbau, die Schmiede, die Härterei und die Schleiferei wurden im Werk I in der Schillerstraße zusammengefasst. Trotzdem war die Enge auf den beiden Produktionsstätten unübersehbar, so dass man Flächen im Stadtgebiet von Ulm anmieten musste.

Die Fahrzeugpalette zeichnete sich in der Karosseriegestaltung durch eine durchgehende Konstanz während der langen Bauzeit aus; einzig im letzten Baujahr 1970/71 erhielten die mittelschweren Laster eine neue Stoßstange, in die die Rechteckscheinwerfer integriert waren.

Warum man einen Magirus kaufte

Ende der Fünfziger hatte der Unternehmer eine breite Auswahl an Modellen verschiedenster Hersteller. Die härtesten Rivalen von Magirus-Deutz hießen Henschel, MAN und Daimler-Benz, und Testberichte halfen bei der Entscheidungsfindung. So verglich

125-PS-Magirus-Deutz Allrad-Kipper Saturn AK, 1958.

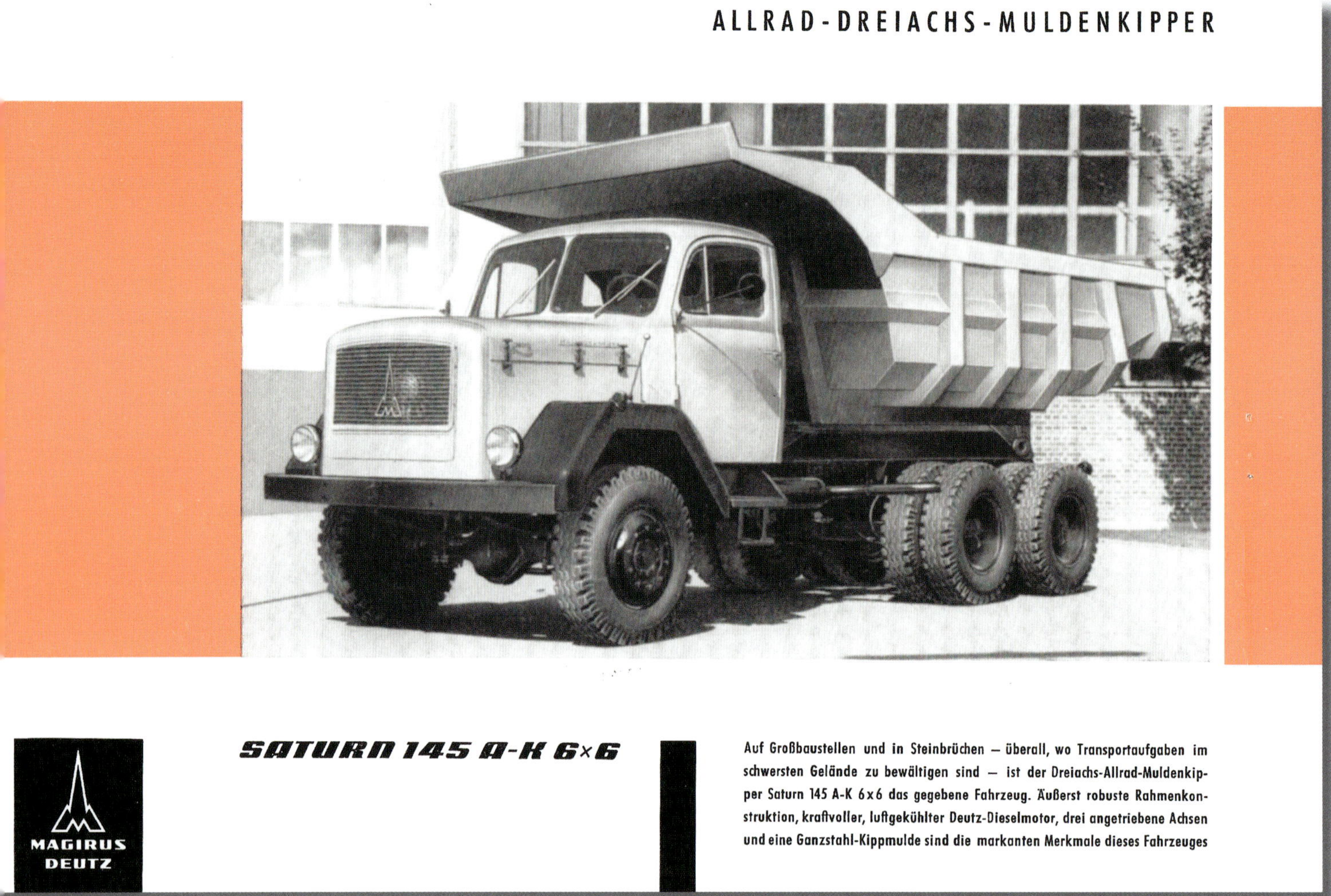

Prospektblatt zum Allrad-Muldenkipper Saturn 150 AK 6 x 6, 1958.

Holländisches Prospektblatt zur Magirus-Deutz Sattelzugmaschine Saturn 145 HD-S, 1958.

das Fachblatt »Lastauto-Omnibus« den 1959 gezeigten »Mercur 120« als mittelschwerer Lastwagen – 5,5 t – mit dem L 321 von Mercedes-Benz. Es gab den Magirus, anders als den Mercedes-Hauber, auch als »Mercur 120-L« in einer Variante mit 6,4 Tonnen Nutzlast. Diese aufgelastete und zwischen 300 und 700 Mark teurere »Export-Ausführung« kam somit auf ein Gesamtgewicht von 10,5 t, was ihn zu einem Konkurrenten für die neue Mercedes-Baureihe 322 machte. Die war aber zum Testzeitpunkt noch nicht verfügbar. Sowohl Fahrerhaus wie auch Fahrgestell boten keine Überraschungen, sie waren seit Jahren erprobt. So wies der Rahmen den bei Magirus üblichen Leiteraufbau aus Pressstahlträgern mit genieteten Querträgern auf. Die vordere starre Faustachse war an Blattfedern geführt, an der hinteren Banjoachse gab es zusätzlich zur Längsblattfederung noch eine Stütz- oder Zusatzfeder, die sich bei etwa halber Last an den Rahmenböcken

anlegte. Manche Konkurrenten wie Mercedes-Benz verbauten aber noch Teleskopstoßdämpfer an der Vorderachse. Magirus vertrat die Meinung, dass für die rauen Anforderungen im Betrieb Blattfedern genügten. Die Lenkung – ZF-Gemmer-Schneckenrollenlenkung – entsprach denen der Henschel-Lastwagen, erreichte aber nicht ganz die Präzision einer Kugelumlauflenkung, wie sie etwa Mercedes-Benz verwendete. Das ließ sich aber wesentlich leichter tolerieren als die Tatsache, dass die Lenksäule weit in die Kabine hineinragte und die Lenkrad-Oberkante bei kleineren Fahrern das Blickfeld beeinträchtigte. Außerdem hatte der Magirus keine Sicherheitslenksäule mit Sollbruchstelle; an einer solchen arbeiteten die Ulmer noch. Die Lenkübersetzung beim Magirus betrug 1:24,4.

Paradestück des Magirus waren aber die Bremsen (»die heute zweckmäßigste Bremsanlage in einem Nutzfahrzeug«), hier geriet der Tester regelrecht ins Schwärmen: Maximalwerte von über 7 m/s² waren machbar, damit stand ein Magirus deutlich schneller als jeder andere Lkw in dieser Klasse. Auch die Handbremse wirkte besser, auf trockener Straße waren Werte von gut 3 m/s² zu erzielen, was den »Mercur«-Testern ein anerkennendes »guter Wert« entlockte. Die Komponenten stammten von Teves, Bosch und Westinghouse. Die wirksame Gesamtbremsfläche betrug 2232 cm². Die Motorbremse musste, wie auch beim Henschel, über einen Knopf am Fahrerhausboden betätigt werden; allerdings war das Gemaule über diese Lösung weniger vernehmbar als sonst üblich: Zum Zeitpunkt der Veröffentlichung (das Heft erschien am 2. März 1960) war nämlich bekannt, dass Magirus bereits die Ideallösung – der Koppelung von Betriebs- und Motorbremse beim Tritt aufs Bremspedal – erprobte und die Markteinführung plante. Mit einigen der Magirus-Zulieferern arbeitete übrigens auch Mercedes-Benz zusammen.

Im Test präsentierte Magirus seinen »Mercur« als Hauber wie auch als Frontlenker. Die Hauben-Kabine war bei Einführung der »Rundhauber« im Jahre 1951 vorgestellt worden. Sie hatte damals schon als vorbildlich gegolten und tat es, zehn Jahre später, immer noch. Sie bot drei Personen Platz, wie üblich gab's einen Einzelsitz und eine Sitzbank für die beiden Beisitzer. Das vielfach einstellbare Sitzmöbel für den Fahrer und die verstellbare Rückenlehne der anderen Sitzgelegenheiten erhielt noch immer das Prädikat »sehr bequem«

150-PS-Magirus-Deutz Allrad-Muldenkipper Saturn 150 AK 6 x 6, 1961.

170-PS-Magirus-Deutz Sattelzugmaschine S 7500 Jupiter HD, 1956.

Baustellenszene mit Allrad-Kipper A 7500 Jupiter, 1956.

150-PS-Magirus-Deutz Jupiter 150 K mit IBAG-Betonmischeraufbau, 1960.

zuerkannt. Dass die Kabine nicht mehr die neueste war, machte sich eher in Details bemerkbar, wie etwa einer geringeren Innenbreite oder der flachen Windschutzscheibe mit Mittelsteg. Der »Mercur« heizte zwar im Winter die Hütte anständig auf, im Sommer aber musste man die Scheiben runterkurbeln. Eine Anlage, die auch Kaltluft fördern konnte, stand auf der Aufpreisliste: »Die Käufer sollten von diesem Angebot weitgehend Gebrauch machen«, empfahl der Test. Bei der Gelegenheit sollte noch erwähnt werden: Dieser mittelschwere Lastwagen hätte ab Werk auch mit einem Schiebedach ausgestattet werden können, das Unternehmen bot seine Kabinen seit der IAA 1959 als erster Lastwagenhersteller überhaupt mit Webasto-Dach an. Bei der Konkurrenz gab es das nicht, da war die »Schwedenklappe« – eine ausstellbare Dachluke – das Höchste der Gefühle.

Dreiseiten-Kipper Jupiter 195 AK HD, 1961.

195-PS-Magirus-Deutz Dreiseitenkipper Jupiter 6 x 6, 1960. (Foto: Iveco-Magirus-Archiv)

170-PS-Magirus-Deutz-Muldenkipper auf Uranus 170 AE (im Export Uranus 250 AE), 1957. (Foto: Iveco-Magirus-Archiv)

Allrad-Dreiachs-Muldenkipper

Uranus 170 AE MK, Nutzlast 16,1 Tonnen, Leistung 170 PS

Zum Transport schwerster Lasten abseits befestigter Straßen kann der Allrad-Muldenkipper Uranus 170 AE MK eingesetzt werden. Beladen bewältigt er im 1. Gang Steigungen bis zu 43,4%. Der Uranus 170 AE MK wird – je nach Einsatzverhältnissen – mit drei verschiedenen Kippmulden geliefert. Gerade bei einem Allradfahrzeug ist ein ausreichendes Motordrehmoment von Bedeutung, da Zugkraft und Steigvermögen in erster Linie vom Drehmoment abhängen. Der kraftvolle luftgekühlte Deutz-Dieselmotor des Uranus 170 AE MK erfüllt mit 170 PS Nutzleistung und einem außerordentlich günstigen Drehmomentverlauf diese Forderung in jeder Weise.

MAGIRUS DEUTZ

Prospektblatt zum Uranus 170 AE.

Doch für diese »Staubsauger«, wie sie oft auch liebvoll-spöttisch genannt wurden, begann die Uhr zu ticken: In den Baufahrzeugen noch wohl gelitten (und für manchen fetten Exportauftrag verantwortlich), schien ihr Entwicklungspotenzial in Sachen Verbrauch und Geräuschentwicklung (für die Umwelt, wohlgemerkt, innen war ein Magirus-Deutz oftmals leiser als ein konventioneller Diesel mit Wassermantel) allmählich ausgereizt zu sein. Der Deutz-Motor mit einem Hubraum von 7,4 Litern und einer Leistung von 120 PS bestach gegenüber dem direkten Konkurrenten in dieser Gewichtsklasse, dem L 322 von Marktführer Mercedes-Benz, durch ein gewaltiges Hubraumplus, denn der Mercedes hatte lediglich einen Reihen-Sechszylinder mit 5,2 Liter Hubraum. Natürlich waren auch die Fahrwerte klar besser: Der »Mercur« sprintete von Null auf 70 km/h in 34,5 Sekunden, das war kaum ein Drittel der Zeit, die ein Mercedes benötigte. Im Anschaffungspreis lag der Rundhauber mit Preisen ab 23.000 Mark auf Mercedes-Kurzhauber-Niveau, bei den Gesamtkosten pro Kilometer kam der Magirus auf 80,5 Pfennige – ein Mercedes lag da aber günstiger. Außerdem war das Werkstatt- und Servicenetz wesentlich dichter geknüpft als bei den Ulmern.

Mercur 126 L

126-PS-Magirus-Deutz Pritschenwagen Mercur 126 L, 1963.

Mercur 126 L mit Dachluke in der Kabine und Kofferaufbau für den Zivilschutz, 1963. (Foto. Ralf Weinreich)

Saturn 150 AK 6x6

MAGIRUS DEUTZ

Prospekttitel zum 150-PS-Magirus-Deutz Allrad-Muldenkipper Saturn 150 AK 6 x 6, 1963.

Magirus-Deutz Sattelzugmaschine

Jupiter HD-S, Satteldruck 10 to, Gesamtzuggewicht 35 to

Die Magirus-Deutz Sattelzugmaschine Jupiter HD-S ist ein besonders wirtschaftliches Fahrzeug für den Güterfernverkehr. Je nach Bedarf und Zweckmäßigkeit können Sattelzüge mit Pritschenaufbauten, Tankwagen oder Tiefkühlaufbauten – kurzum mit Spezialaufliegern aller Art – zusammengestellt werden. Für Transportaufgaben, die im Pendelverkehr mit mehreren Aufliegern bewältigt werden, ist der Magirus-Deutz Sattelzug geradezu ideal. Die Fahrzeuge können während des Beladens und Entladens der Auflieger anderweitig eingesetzt werden, was in hohem Maße zur Wirtschaftlichkeit beiträgt. Je nach Einsatzverhältnissen kann die Sattelzugmaschine Jupiter HD-S mit runder oder eckiger Motorhaube geliefert werden.

MAGIRUS DEUTZ

200-PS-Magirus-Deutz Sattelzugmaschine Jupiter HD-S mit Schenk-Kühlauflieger, 1961.

195-PS-Magirus-Deutz Betonmischer auf Jupiter 150-K-Fahrgestell, 1961.

Magirus-Deutz Fahrgestelle für Betonmischfahrzeuge

Das serienmäßige Magirus-Deutz Nutzkraftfahrzeugprogramm wird ergänzt durch drei Fahrgestelle mit erhöhtem Gesamtgewicht für Solobetrieb. Verwendungszweck: Spezialfahrzeuge der Bauindustrie zur Beförderung von Transportbeton und Lieferbeton (Liefermischer und Transportbirnen).

Magirus-Deutz liefert für diesen Zweck drei Fahrgestelle und zwar den Saturn 120 HD-L, Gesamtgewicht 13.500 kg, den Saturn 150-L 6 × 4, Gesamtgewicht 22.000 kg, und den Jupiter 150-K, Gesamtgewicht 15.200 kg.

MAGIRUS DEUTZ

195-PS-Magirus-Deutz Jupiter mit Bohraufbau von Wülfel (Hannover) 1963

195-PS-Magirus-Deutz Allrad-Kipper Jupiter 6 x 6 Z, 1962.

200-PS-Magirus-Deutz Allrad-Kipper Pluto 200 AK, 1961.

200-PS-Sattelzugmaschine Pluto 200 S mit Kässbohrer-Kippauflieger, 1963.

Französisches Prospektblatt zur Sattelzugmaschine Pluto 200 S, 1961.

Prospektblatt zum Allrad-Kipper 195 D 22 AK 6 x 6, 1964.

POLITISCHE QUERELEN UND NEUE MODELLE

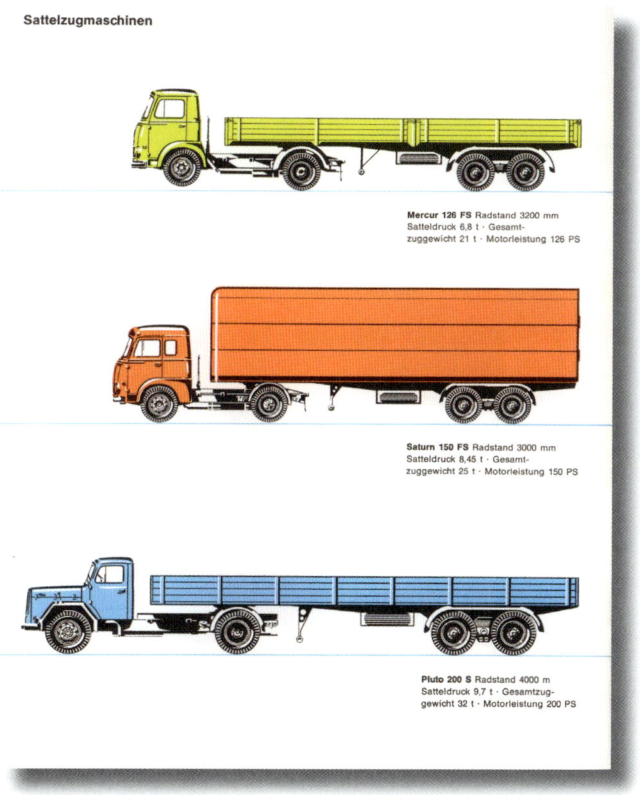

Sattelzugmaschinen

Mercur 126 FS Radstand 3200 mm
Satteldruck 6,8 t · Gesamtzuggewicht 21 t · Motorleistung 126 PS

Saturn 150 FS Radstand 3000 mm
Satteldruck 8,45 t · Gesamtzuggewicht 25 t · Motorleistung 150 PS

Pluto 200 S Radstand 4000 m
Satteldruck 9,7 t · Gesamtzuggewicht 32 t · Motorleistung 200 PS

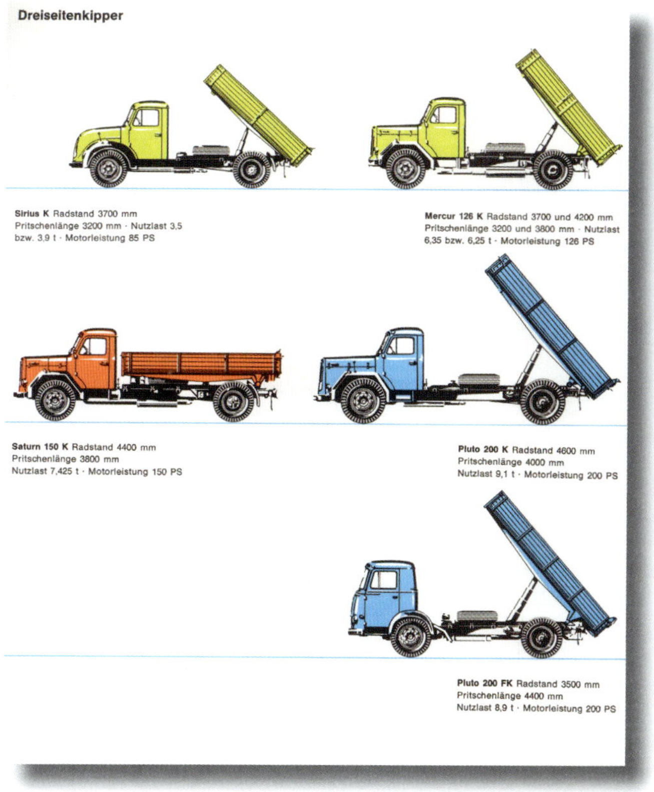

Dreiseitenkipper

Sirius K Radstand 3700 mm
Pritschenlänge 3200 mm · Nutzlast 3,5 bzw. 3,9 t · Motorleistung 85 PS

Mercur 126 K Radstand 3700 und 4200 mm
Pritschenlänge 3200 und 3800 mm · Nutzlast 6,35 bzw. 6,25 t · Motorleistung 126 PS

Saturn 150 K Radstand 4400 mm
Pritschenlänge 3800 mm
Nutzlast 7,425 t · Motorleistung 150 PS

Pluto 200 K Radstand 4600 mm
Pritschenlänge 4000 mm
Nutzlast 9,1 t · Motorleistung 200 PS

Pluto 200 FK Radstand 3500 mm
Pritschenlänge 4400 mm
Nutzlast 8,9 t · Motorleistung 200 PS

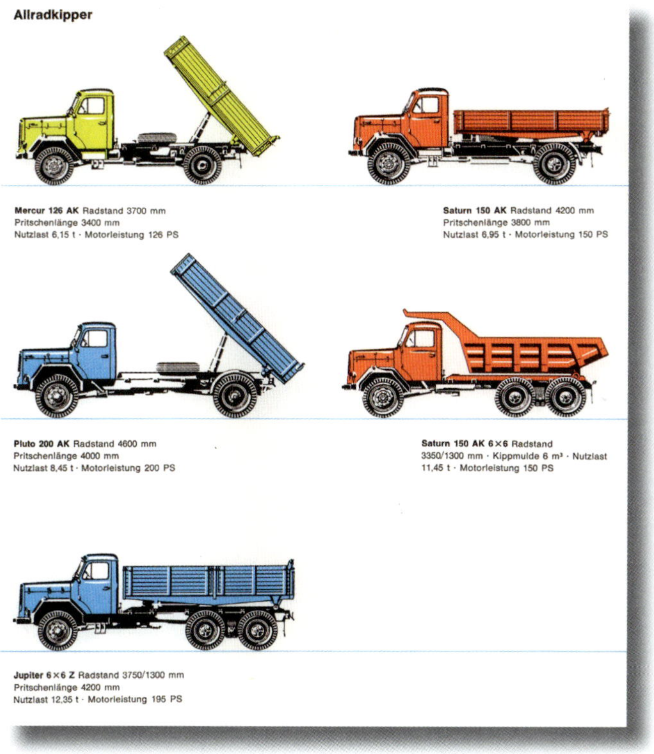

Allradkipper

Mercur 126 AK Radstand 3700 mm
Pritschenlänge 3400 mm
Nutzlast 6,15 t · Motorleistung 126 PS

Saturn 150 AK Radstand 4200 mm
Pritschenlänge 3800 mm
Nutzlast 6,95 t · Motorleistung 150 PS

Pluto 200 AK Radstand 4600 mm
Pritschenlänge 4000 mm
Nutzlast 8,45 t · Motorleistung 200 PS

Saturn 150 AK 6×6 Radstand 3350/1300 mm · Kippmulde 6 m³ · Nutzlast 11,45 t · Motorleistung 150 PS

Jupiter 6×6 Z Radstand 3750/1300 mm
Pritschenlänge 4200 mm
Nutzlast 12,35 t · Motorleistung 195 PS

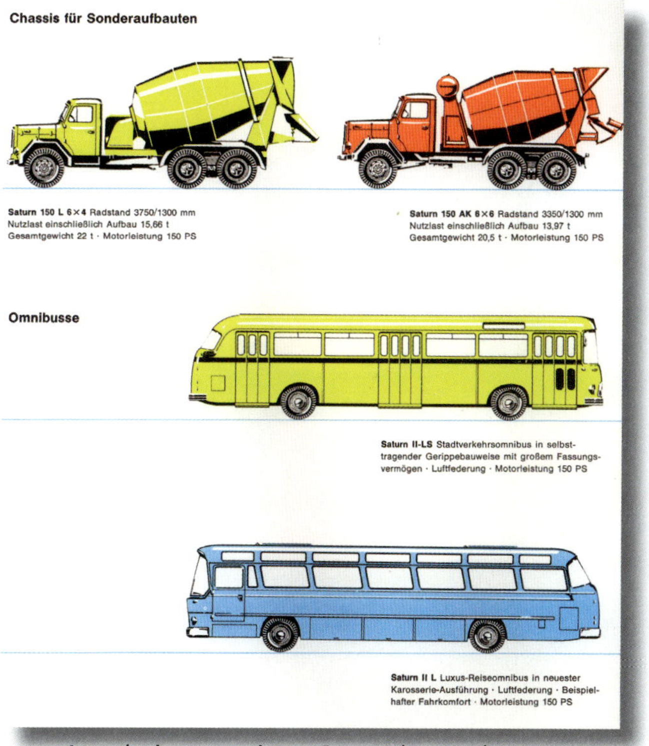

Chassis für Sonderaufbauten

Saturn 150 L 6×4 Radstand 3750/1300 mm
Nutzlast einschließlich Aufbau 15,66 t
Gesamtgewicht 22 t · Motorleistung 150 PS

Saturn 150 AK 6×6 Radstand 3350/1300 mm
Nutzlast einschließlich Aufbau 13,97 t
Gesamtgewicht 20,5 t · Motorleistung 150 PS

Omnibusse

Saturn II-LS Stadtverkehrsomnibus in selbsttragender Gerippebauweise mit großem Fassungsvermögen · Luftfederung · Motorleistung 150 PS

Saturn II L Luxus-Reiseomnibus in neuester Karosserie-Ausführung · Luftfederung · Beispielhafter Fahrkomfort · Motorleistung 150 PS

Ausschnitte aus einem Sammelprospekt von 1964.

Sattelzugmaschine 170 D 15 AS, 1964.

Ausschnitt aus einem belgischen Sammelprospekt von 1964.

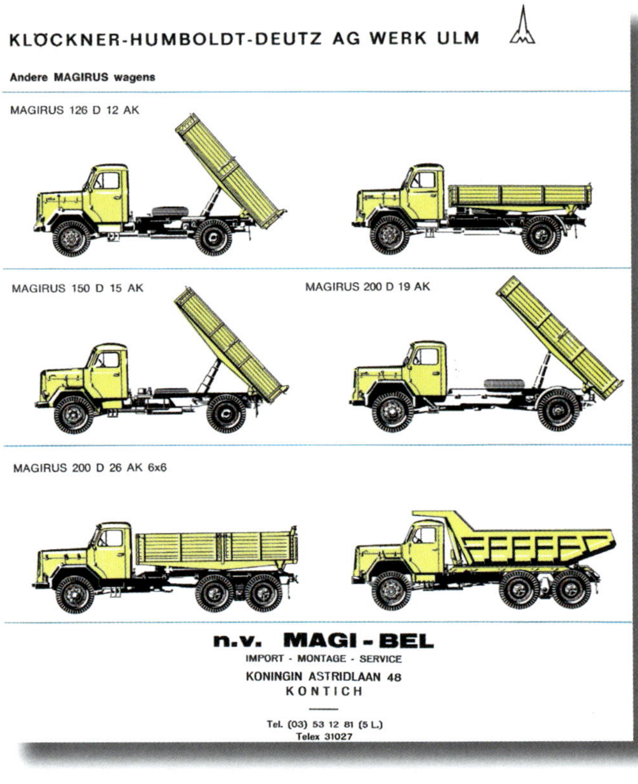

150-PS-Magirus-Deutz Allrad-Muldenkipper 150 D 21 AK, 1964.

Prospektblatt zum Magirus-Deutz Pritschenwagen 150 D 14 L, 1965.

Prospektblatt zum Magirus-Deutz Allrad-Kipper 150 D 14 AK, 1965.

150-PS-Magirus-Deutz Allrad-Kipper 150 D 13 AK, 1964.

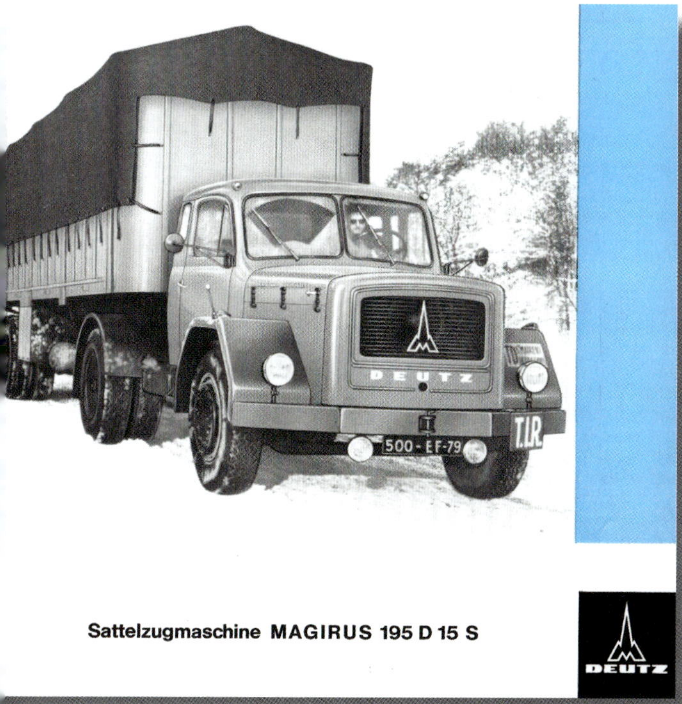

Prospektblatt zur Sattelzugmaschine 195 D 15 S, 1964.

Prospektblatt zum Allrad-Kipper 195 D 22 AK 6 x 6, 1964.

200-PS-Magirus-Deutz Kipper Magirus 200 D 16 K, 1964.

Prospekttitel zum Allrad-Kipper Magirus 200 D 16 K, 1964.

150-PS-Magirus-Deutz Allrad-Kipper 150 D 14 AK, 1965.

156-PS-Magirus-Deutz Dreiseiten-Kipper 156 D 15 K, 1967.

156-PS-Magirus-Deutz Pritschenwagen 156 D 22 L 6x4, 1967.

156-PS-Magirus-Deutz Kipper 156 D 17 AK, 1967.

200-PS-Magirus-Deutz Allrad-Kipper 200 D 16 AK, 1965.

Luftkühlung
müßte man haben.
MAGIRUS
DEUTZ
Die
Deutschen
Bullen
Die Kraft und der Fortschritt
EIN STARKES HERZ SCHLÄGT LÄNGER
DAS
GOLDENE
BULLENHERZ
LUFTGEKÜHLTER
DEUTZ LONGTIME MOTOR
Luftkühlung ist klimasicher.
Ein Produkt der KHD-Gruppe

Die Deutschen Bullen

Ein Griff in die Goldkiste war 1968 der Werbeeinfall einer Hamburger Agentur mit dem Slogan »Die Deutschen Bullen«, der zu einem traumhaften Bekanntheitsgrad der Ulmer schweren Geräte führte. Die herabwürdigende Bezeichnung der Polizeikräfte in der Zeit der 68er Unruhen wurde hier geschickt, aber positiv auf die Haubenlaster aus Ulm übertragen. Dem Leser in den Fachzeitungen sollte auf einfache, aber prägnante Weise die Stärke, die Robustheit und die Angriffslust (des Motors) klargemacht werden. Und die Buchstaben Magirus-Deutz wiesen wieder auf den Namen der Lastwagen- und der Motorenfabrik hin. In Verbindung mit dem Slogan erhielt der Longtime-Motor der Baureihe 913 das Prädikat »Das goldene Bullenherz«.

Diese Würdigung der eigenen Motorentechnik und das geniale Bullen-Motto verband die Werbeabteilung 1971 mit einer Szene im Kraftfahrerleben, der man schwerlich ein Gegenargument entgegensetzen konnte: Auf schnurgerader Straße läuft ein schwitzender und enttäuschter Lkw-Fahrer mit

Holländisches Werbeblatt zum Magirus-Deutz Dreiseitenkipper 135 D 12 K, 1968.

135-PS-Magirus-Deutz Allrad-Kipper 135 D 12 AK mit Scheinwerfern in der Stoßstange, 1969.

170-PS-Magirus-Deutz Allrad-Kipper 170 D 15 AK, 1969. (Foto: Iveco-Magirus-Archiv)

zwei Eimern in den Händen, in der Hoffnung eine Wasserentnahmestelle zu finden. Auch wenn sein Lkw im Hintergrund nur schemenhaft zu erkennen ist, weiß jeder, dass es sich um ein Fahrzeug mit wassergekühltem Motor, also um ein Konkurrenzmodell mit gravierendem Schwachpunkt handelt.

230-PS-Magirus-Deutz Allrad-Muldenkipper 230 D 26 AK 6 x 6, 1969. (Foto: Iveco-Magirus-Archiv)

Und man hatte Blut geleckt und öffnete die Werbekasse. Die Ulmer Nutzfahrzeugmarke wurde Hauptsponsor des FC Bayern-München. Unternehmer und Fußball-Funktionär Ulrich (Uli) Hoeneß unterzeichnete zur Saison 1978/79 als eine seiner ersten Aktionen den Werbevertrag mit dem Ulmer Fahrzeughersteller, was den Verein aus wirtschaftlicher Bredouille löste. Zunächst kam der Schriftzug Iveco, ab 1975 Anteilseigner am Magirus-Deutz-Unternehmen, und darunter der größere Schriftzug Magirus auf die Kleidung. In der Saison 1982/83 fiel das Wort Iveco größer und das Wort Magirus kleiner aus. Mit ihren Iveco-Magirus-Trikots traten die Spieler wie Paul Breitner und Karl-Heinz Rummenigge auf. Den Absatz der Fahrzeuge steigerten diese kostspieligen Aktionen allerdings nicht.

Neben der traditionellen Prospektwerbung nutzte die Ulmer-Werbeabteilung in den Jahren 1971 bis 1975 Quartettspiele der Altenburg-Stralsunder Spielkartenfabrik, die mit ihren Abbildungen »Das starke Programm -Magirus-Deutz« mit ausgewählten Modellen aus vergangenen Zeiten und aus dem aktuellen Angebot verbreiten sollten. Weitere Spiele befassten sich mit den Schwerpunkten Muldenkipper und Geländelastwagen.

Werbeblatt zum Allrad-Kipper 230 D AK 6 x 6 mit Stahlpritsche, 1969.

Ausschnitt aus einem Werbeblatt zum Magirus-Deutz Betonmischer 230 D 22 B 6 x 4, 1969.

Bis in das Frühjahr 1971 bestimmte die auffallende breite, kantige Haube und das enge Fahrerhaus mit der geteilten Frontscheibe das Erscheinungsbild der Straßen-Baustoff- sowie der geländegängigen Baustellen- und Militärlaster der Marke Magirus-Deutz. Eine Konzession an modernes Design bildete kurz vor der Produktionsumstellung die Verlagerung der jetzt rechteckigen Scheinwerfer in die Stoßstange.

Magirus-Deutz-Allrad-Kipper 230 D 26 AK, 1968.

Die zweite Generation der Eckhauber

Foto: Ralf Weinreich

Ein supermodernes Fahrerhaus

Nachdem die erste Eckhauber-Baureihe 18 Jahre lang in über 300.000 Exemplaren ohne markante Designänderungen in Ulm vom Band gelaufen war, ging (nach Vorstellung im Herbat 1970) Anfang des Jahres 1971 die neue Haubenlaster-Baufahrzeug-Generation an den Start. Verantwortlich für die Neuschöpfung war wiederum Dipl.-Ing. Adolf Wünsche. Während Daimler-Benz und MAN ihre Hauber mit geringem Facelift etwas ansprechender gestalteten, entschied sich das Magirus-Werk für diese Neukonstruktion. Die Geschäftsleitung vertraute auf seinen treuen Kundenstamm in der Bundesrepublik, in Frankreich sowie in den Benelux-Ländern. Und im Nahen Osten sowie in den nordafrikanischen Ländern erfreuten sich die luftgekühlten Lastwagen aus Ulmer Produktion weiterhin großer Beliebtheit. So konnten zum Beispiel mehrfach Serien von bis zu 750 Exemplaren nach Algerien und Tunesien geliefert werden.

Die neue Karosse zeichnete sich durch eine größere und höhere Komfortkabine mit Panorama-Frontscheibe und Rundumverglasung aus, die dem Fahrer beim Rangieren beste Sicht ermöglichte. Hinter der Klappe des Handschuhfaches verbarg sich der bequem zu erreichende Sicherungskasten. Die flachere Haube ging vorne in ein schmaleres Frontgitter mit dem Magirus-Deutz-Schriftzug über, das sich zu Wartungsarbeiten vorklappen ließ. Die Scheinwerfer waren geschützt im Stoßfänger untergebracht. An den Seitenblechen der Haube ersetzte man die antiquierten Knebel durch Bügel. Den Unterbau bildete wieder ein glatter Leiterrahmen. Die 6-, 8- und 10-Zylinder-Triebwerke der Baureihen 413 und ab 1975 913 wurden als »Longtime«-Motoren mit Super-B-Einspritzung beworben. Entsprechend ihrer Größe überdeckten Hauben mit 871, 1036 und 1201 mm diese Maschinen. Sperren im hinteren Mitteldifferential sorgten dafür, dass die Traktion auf Glatteis oder schwierigem Gelände erhalten blieb. Die hinteren Achsen der 6 x 6-Version waren ohne Zwischenachsen-Differential gekoppelt. Im Laufe der ersten Bauzeit der neuen Ausführung setzte Magirus-Deutz stärkere und somit robustere Planetenachsen ein, erkennbar an dem aufgeschraubten Nabendeckel, wie sie noch heute im Iveco-Bereich verwendet werden.

Bau-Bullen
MAGIRUS
DEUTZ
Die
Deutschen
Bullen
Die Kraft und der Fortschritt
Ein Produkt der KHD-Gruppe
Erdbewegung
Allradantrieb

Die neu vorgestellten Modelle erhielten hervorragende Kritiken. Der erste Test vom April 1971 ist mit »Meisterklasse« überschrieben und sah die Bau-Bullen auf Augenhöhe mit jedem Frontlenker-Straßenlastwagen der Konkurrenz, während die Kurzhauber von Mercedes-Benz klar unterlegen waren.

Ein 170 D 15 AK Kipper mit Ladekran, Streuaufsatz und Schneepflug im Winterdienst. (Foto: Iveco-Magirus-Archiv)

Das neue Eckhauber-Programm (1971 – 1975)

Als Benjamin im neuen Gewand zeigte sich der Typ 120 D 12 K/AK, angetrieben vom Reihen-Sechszylinder F 6 L 912 und vorgesehen für eine Nutzlast von 7 beziehungsweise 6,6 t. Mit brandneuem Motor F 6 L 913 besaß er jetzt 10 PS mehr. Beliebt waren beide Modelle bei Straßenmeistereien und Kommunalbetrieben. Wer eine höhere Tonnage benötigte, konnte auf die Version 130 D 15 K setzen und wer eine höhere Leistung wünschte, konnte sich für die Version 160 D 12 K/15 K/15 AK mit aufgeladenem Motor BF 6 L 913 mit 160 PS entscheiden. Noch stärker war die mittelschwere Typenreihe 170 D 12 AK mit dem V-Motor F 6 L 413 mit 170 PS bestückt. Mit einem Nebenantrieb für Kehrmaschinen, Saug- und Spülwagenaufbauten, für Reinigungsmaschinen sowie für Oberleitungsrevisionswagen mit Hubbühne fanden diese Hauber ihre Abnehmer.

Als Dreiachser gab es den 170 D 21 AK für 13,5 t für Bauunternehmen.

In der schweren Klasse bewegte sich der zweiachsige 232 D 16 K/AK mit dem Achtzylinder-V-Motor F 8 L 413, der mit 16 t Gesamtgewicht und einer Nutzlast von über 8 t das rechtliche Optimum bot. Als Dreiachser 232 D 22 AK mit der Achs-Konfiguration 6x4 und 6x6 konnte er als 22-Tonner mit 12,8 beziehungsweise 12,3 t beladen werden. Abseits öffentlicher Straßen war er als Typ 232 D 26 AK für eine Tonnage von 15,2 t ausgelegt. Darüber war der

Die Luftkühlung

Luftkühlung ist die direkte Kühlung, bei der die vom Motor abzuführende Wärme unmittelbar an die an den Kühlrippen von Zylinderkopf vorbeistreichende Kühlluft abgegeben wird. Bei der Wasserkühlung macht die Wärmeableitung an die Luft einen Umweg über das Wärmetransportmedium Wasser.

Luftkühlung hält die direkten und indirekten Betriebskosten niedriger als bei wassergekühlten Motoren. Aufwendungen für Korrosionsschutzmittel, Frostschutzmittel, Dichtungsmittel usw. sind nicht erforderlich. Durch die hohe Betriebssicherheit und Robustheit der Luftkühlung entfallen die durch Störungen am Kühlsystem verursachten Ausfallzeiten wassergekühlter Motoren: Kein Einfrieren oder Kochen des Kühlwassers, keine undichten oder reißenden Schlauchleitungen, keine Beschädigungen des Kühlers oder Ausfall der Wasserpumpe.

Ein wichtiges Merkmal luftgekühlter Motoren ist das wesentlich größere Temperaturgefälle zwischen Kühlfläche (Kühlrippentemperatur) und Umgebungsluft. Bei wassergekühlten Motoren wird der Maximalwert der Kühlflächentemperatur durch die Siedetemperatur des Wassers begrenzt. Bei luftgekühlten Motoren liegt diese Grenze viel höher. Sie hängt lediglich von der Temperaturbeständigkeit des Motorenöls an der Zylinderinnenseite ab.

Dieses höhere Temperaturgefälle ist ein Plus bei hohen Außentemperaturen. Die Kühlleistung vermindert sich bei steigenden Umgebungstemperaturen nicht so stark wie bei Wasserkühlern. Außerdem ermöglicht das höhere Temperaturgefälle geringere spezifische Kühlluftmengen gegenüber wassergekühlten Motoren mit Wabenkühlern.

Luftgekühlte Motoren sind nicht lauter wie wassergekühlte. Dies haben neutrale wissenschaftliche Untersuchungen eindeutig ergeben.

Die Luftkühlung bietet ideale Voraussetzungen für das Baukastensystem. Sie ermöglicht die Anordnung von Einzelzylindern, wodurch bei allen Motoren einer Baureihe viele Bauelemente untereinander gleich und damit austauschbar sind. Dies vereinfacht erheblich die Instandsetzung und Ersatzteilhaltung.

Prospektausschnitt zur Luftkühlung.

Typ 270 D 16 K/AK angesiedelt. Unter der langen Haube stand der Zehnzylinder-V-Motor mit 270 PS, vorgesehen für den schweren Baustellenverkehr oder für ein Anhängergespann. Die auf 305 PS ausgelegte Zehnzylindermaschine trieb die Zweiachser 310 D 16 S/K und AK an, die als Sattelzuggespann 9,5 t und als Kipper 8 t befördern konnte. Das Flaggschiff der ersten Baureihe der neuen Generation stellte die Dreiachsversion 310 D K 6 x 4 und AK 6 x 6 dar, die mit 12 t Last beladen werden oder im Anhängerzug eingesetzt werden konnte. Auch hier war es möglich, den im Fahrwerk verstärkten Laster als 26-Tonner auf Privatgelände zu bewegen.

Neue Namen, alte Tugenden(1975 – 1981)

Der neue Iveco-Verbund machte eine Neubezeichnung der Fahrzeuge der einzelnen Hersteller notwendig. Bei den neuen Modellen wurde das D in der Typenkennung durch ein M ersetzt, das für Magirus stand.

Hier traten die Typen 130 M 12 K/AK, 130 M 15 K/AK, 160 M 12 K/AK und 160 m 15 K/AK als Einsteigermodelle an. Es bestand die Möglichkeit, einen Ladekran zwischen Fahrerhaus und Pritsche aufzubauen. Aus der vorherigen Serie wurde auch der schwere Baustellenlaster 170 M 12 AK/15 K/15

Das Baukasten-System

Baukasten-Systeme haben noch nicht alle. Denn das Baukasten-System ist eine Sache des Fortschritts. Eines Fortschritts, den wir wesentlich beeinflußt und vorangetrieben haben.
Die meisten guten Argumente für einen typenreinen Fuhrpark kennen Sie. Aber: In unseren LKW stecken dieselben Motoren wie in den meisten Baumaschinen. Das heißt, die einzeln austauschbaren Teile machen die Ersatzteilhaltung einfach, wenn man die gesamte LKW-Flotte und alle Baumaschinen mit zwei Bau-Reihen der luftgekühlten Deutz-Motoren in Bewegung hält.

Der Wartungsvorteil.
Erstens: ein Magirus Deutz LKW muß im Reparaturfall nicht zwangsläufig von seinem Motor getrennt werden. Weil sich auch in Sonderfällen – z. B. beim Auswechseln eines Zylinders – der komplette Ausbau des Motors erübrigt. Dank des Baukasten-Systems der Motorreihen.
Zweitens: unser Luftgekühlter wird auch nicht von seinem Kühlsystem getrennt. Damit entfallen viele zusätzlichen Arbeiten. Und viele zusätzliche Kosten.
Und viele mögliche Fehlerquellen.
Das Magirus-Deutz Baukasten-System erlaubt einen problemlos schnellen, standortunabhängigen Austausch vieler Verschleißteile.

Und der Wartevorteil.

Kein LKW muß lange warten, der schnell zu reparieren ist, denn unser Baukasten-System sorgt für schnelle und sichere Ersatzteillieferung durch die genormten „Bausteine", die für viele Fahrzeuge gleich sind.

Der beste Service ist eine vernünftige Konstruktion. Darum beginnt unser Service bereits auf dem Reißbrett. Da streichen wir schon eine ganze Reihe üblicher Wartungsvorschriften. Und eine ganze Menge ärgerlicher Wartestunden.

LKW, die viel Wartung brauchen, sind LKW, die viel warten müssen.

Das Motoren-Baukastensystem der neuen Eckhauber-Generation.

AK weitergeführt, der jetzt mit auf 176 PS gesteigertem Motor antrat. Im Zuge der Fusion mit Iveco erhielt er ab 1982 die Bezeichnung 150-18 ANW.

Für den schweren Soloeinsatz gab es ab 1979 den Typ 192 M 16 AK mit 192 PS-Motor; von 1982 bis 1983 wurde er unter der Iveco-Bezeichnung 160-19 ANW geführt.

Die schweren Baustellenkipper der Baureihe 232 M 16 AK blieben unverändert bis 1982 im Angebot; die überschweren Ausführungen fielen 1978 aus dem Programm.

Mit dem neuen Achtzylindermotor F 8 L 413 F wurde der Typ 256 M 16 K/AK bestückt, gebaut von 1977 bis 1981, gefolgt von der Ausführung 256 M 19 S/19 K/19 AK/26 K/26 AK, die von 1980 bis 1982 angeboten wurde.

Im Zehnzylinderbereich gab es den 4 x 2-/4 x 4-Typ 270 M 16 S/16 K/AK mit dem Motor F10L413L. Im überschweren Bereich stand der 26-Tonner mit der Achsfolge 6 x 4 oder 6 x 6 bereit.

Darüber hinaus krönte wiederum der Typ 310 M 16 S/K/AK das Sattelschlepper- und schwere Baustellenprogramm auf Zweiachschassis. An der Spitze mit Straßenverkehrszulassung standen wiederum die Ausführungen 310 M 26 K 6 x 4 und AK 6 x 6, denen noch der überschwere Typ 310 M 32 AK 6 x 6 folgte.

DIE WARTUNG

Eine einfache Wartung macht Ihr Fahrzeug mobiler. Deshalb lassen sich alle Wartungs- und Reparaturarbeiten, die an den Iveco Magirus-Baufahrzeugen anfallen, einfach und problemlos durchführen. Die gesamte Mechanik ist so ausgelegt, daß Sie alle Aggregate ohne große Mühe erreichen. Routinearbeiten wie Filterwechsel, Überprüfung der verschiedenen Flüssigkeiten, Nachfüllen oder ähnliche Wartungsdienste sind im Handumdrehen erledigt.

Freier Zugang zum Motor

Für größere Arbeiten an Motor, Getriebe, Kupplung, Lenkung usw. können Sie beim Frontlenker das Fahrerhaus abkippen, und Sie gelangen einwandfrei an die gewünschten Aggregate. Beim Haubenfahrzeug brauchen Sie nur die Haube zu öffnen, und sämtliche Aggregate liegen vor Ihnen.

Zentralelektrik

Motorraum Haubenwagen

Blick auf den gekapselten Motor.

Bild und Temperatur-Diagramm zum Motor F 10 L 413 L.

F10L 413 L

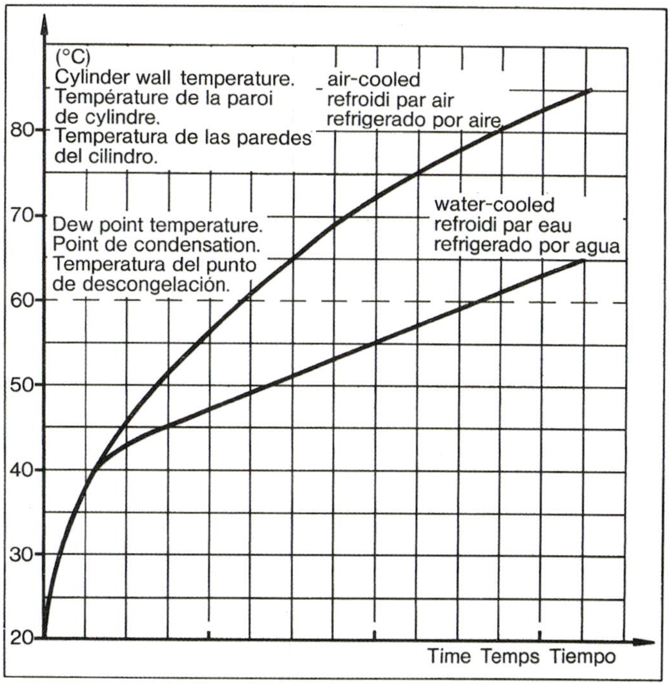

Blick auf die Hinterachse mit Stabilisatoren ab 15 t Eigengewicht.

Blick in die Kabine und auf die zwei Motoröffnungs-Klappen.

Blick auf das geöffnete Planetengetriebe.

Blick auf das Armaturenbrett.

)as Fahrerhaus – ein sicherer und rmüdungsfreier Arbeitsplatz.

/as der tägliche Einsatz vom er verlangt, wissen Sie am besten. ɔ Magirus hat deshalb alles getan, den Arbeitsplatz so sicher und uem wie nur möglich zu machen. halb ist das Fahrerhaus auch so ge- et, daß der Fahrer immer gut sitzt, sieht und alle Instrumente ohne enkungen erreichen kann, daß er utes Arbeitsklima hat und nicht lauten Außengeräuschen belästigt . Alles in allem also ein überlegter ag zur passiven Sicherheit.

und Ausstieg – sicher leicht.

iren, die sich bis zu 90° öffnen. interster Trittbügel, der den sten Schmutz beseitigt, und eine platte, die rutschsicher und selbst- gend ist. Dazu stabile, in der rich- Höhe angebrachte Einstiegsgriffe, ür sicheren Halt sorgen.

Der Innenraum – großzügige Form und angenehme Farben.

Bewegungsfreiheit und viel Raum. Signalisiert durch den freien Durchstieg von Tür zu Tür. Helle, freundliche Farben schaffen eine angenehme Atmosphäre. Die Formgebung wurde nach ergonomischen und ästhetischen Gesichtspunkten optimiert. So kann sich der Fahrer auf seinem Arbeitsplatz rundherum wohl fühlen.

Der Fahrersitz – serienmäßig hydraulisch gedämpft.

Für eine natürliche, entspannte Haltung auch bei langen Strecken sorgt der luftgefederte Fahrersitz. Er ist auf das Gewicht des jeweiligen Fahrers einstellbar. Und natürlich ist auch das Lenkrad entsprechend in Höhe und Neigung verstellbar. Instrumente und Armaturen sind dabei immer im Blickfeld.

Die Pluspunkte des neuen Fahrerhauses.

MAGIRUS-DEUTZ
160 D 12 K

160-PS-Magirus-Deutz 160 D 12 K mit Turboladermotor, 1971.

170-PS-Magirus-Deutz 170 D 15 AK.

Prospekttitel zum Magirus-Deutz Allrad-Dreiachs-Kipper 170 D 21 AK 6 x 6.

Prospektblatt zum Magirus-Deutz Kipper 170 D 15 K/2 - AK/2, 1972.

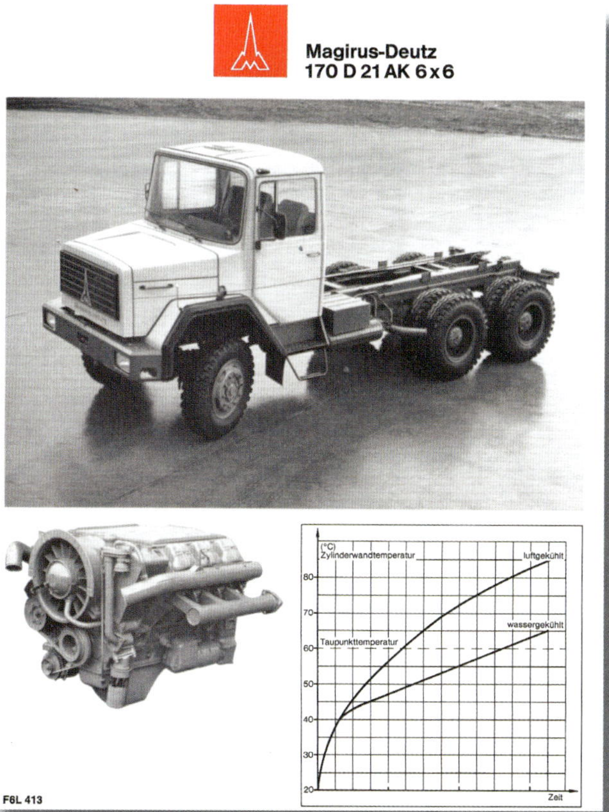

Prospektblatt zum Magirus-Deutz-Dreiachser 170 D 21 AK 6 x 6, 1972.

Prospektblatt zum Magirus-Deutz Allrad-Kipper 170 D 17 AK/1, 1972.

Einsatzszene mit dem Magirus-Deutz Allrad-Kipper 170 D 17 AK/1, 1972.

Einsatzszene mit dem Magirus-Deutz 170 D 17 AK/1 mit Bohrgestänge-Aufbau, 1975.

170-PS-Magirus-Deutz 170 D 17 L mit Orlandi-Mannschafts-Aufbau aus Modena für schweres Gelände, 1974.

Magirus-Deutz Militärlastwagen 170 D 12 AL mit Anhänger, um 1972.→

Prospekttitel zum 232-PS-Magirus-Deutz Kipper 232 D 19 K, 1972.

Prospekttitel zum Magirus-Deutz Allrad-Kipper 232 D 22 AK 6 x 6, 1972.

MAGIRUS-DEUTZ
232 D 19 S

Prospektblatt zum Magirus-Deutz Sattelzugmaschine 232 D 19 S, 1972.

TRACTEUR ROUTIER 4x2 classique · Cabine à capot

FREINAGE C.E.E. P.T.A.C. : **19.000** kg

PUISSANCE **280** ch (s.a.e.) P.T.R.A. : **35-38000** kg

PUISSANCE FISCALE : **30** cv **45.000** kg hors Code (Art. R 48)

TRACTEUR ROUTIER AUX MULTIPLES UTILISATIONS

appréciée particulièrement dans
les transports en CITERNES (surtout grandes flottes) et les transports FORESTIERS

Dans le domaine T.P.. sécurité et maniabilité avec semi-remorques, notamment pour BENNES (15 m3) et MALAXEURS à BETON (10 m3)

UN CHASSIS CONSTRUIT POUR DES TACHES BIEN DÉFINIES

MOTEUR DEUTZ A REFROIDISSEMENT PAR AIR.

8 CYLINDRES A INJECTION DIRECTE.
(CONSTRUCTION MODULAIRE, ECONOMISANT LES REPARATIONS LONGUES ET ONEREUSES.)
COUPLE MAXI : 84 M/KG ENTRE 1 300 ET 1 600 TR/MN - VITESSE : 91,5 KM/H.
UN MOTEUR INSENSIBLE AUX CONDITIONS CLIMATIQUES EXTREMES.

CABINE SEMI-AVANCEE - GRANDE SECURITE.

FONCTIONNELLE - GRAND CONFORT - CLIMATISATION - AVEC OU SANS COUCHETTES.

Französisches Werbeblatt zur Sattelzugmaschine 232 D 19 S, 1972.

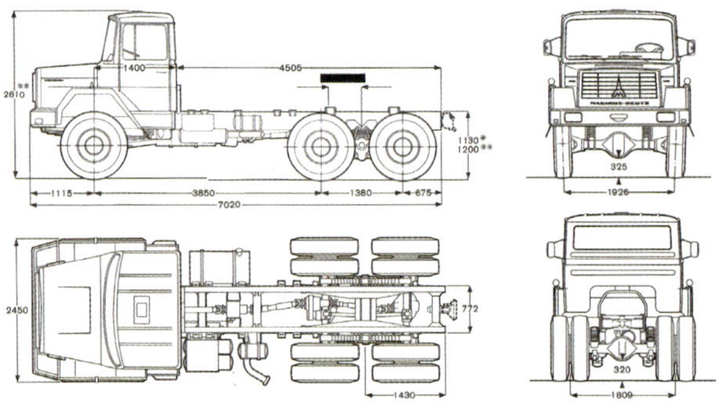

AFMETINGEN (mm)

Type	232 D 26 K 6 x 4			232 D 26 AK 6 x 6		
Wielbasis	3.850/1.380	4.360/1.380	4.600/1.380	3.850/1.380	4.360/1.380	4.600/1.380
Overbouw chassis vooraan	1.115	1.115	1.115	1.115	1.115	1.115
Overbouw chassis achteraan	1.365	1.865	1.965	1.365	1.865	1.965
Lengte chassis-kabine buiten alles	7.020	8.030	8.370	7.020	8.030	8.370
Breedte chassis-kabine buiten alles	2.450	2.450	2.450	2.450	2.450	2.450
Breedte raamwerk	772	772	772	772	772	772
Hoogte kabine, niet geladen	2.745	2.745	2.745	2.845	2.845	2.845
Hoogte chassis (achteraan), niet geladen	1.090	1.090	1.090	1.195	1.195	1.195
Hoogte chassis (achteraan), geladen	1.035	1.035	1.035	1.140	1.140	1.140
Vrije hoogte onder vooras	367	367	367	335	335	335
Vrije hoogte onder achterassen	330	330	330	330	330	330
Spoorbreedte voor	1.968	1.968	1.968	1.926	1.926	1.926
Spoorbreedte achter	1.809	1.809	1.809	1.809	1.809	1.809
Draaistraal	8.450	9.200	9.600	9.000	9.910	10.300
Afstand rug-kabine/midden achterassen	3.140	3.650	3.890	3.140	3.650	3.890
Min./max. carrosserie-overbouw	1.690/1.830	1.950/2.210	2.110/2.390	1.770/1.930	2.050/2.240	2.220/2.510
Lengte gecarrosseerd voertuig buiten alles	7.360/7.500	8.130/8.390	8.530/8.810	7.440/7.600	8.230/8.420	8.640/8.930
Carrosseerbare lengte	4.680/4.920	5.500/5.760	5.900/6.180	4.760/5.020	5.600/5.880	6.010/6.300
Zwaartepunt	630/ 750	720/ 850	750/ 890	580/ 710	660/ 800	690/ 835

DEUTZ MAGIRUS N.V.
VRACHTWAGENS - DIESELMOTOREN
BAANTRAKTOREN - AUTOBUSSEN
STROOMAGGREGATEN
INDUSTRIELE INSTALLATIES

ZETEL ANTWERPEN :
KONINGIN ASTRIDLAAN 46
2550 KONTICH
TEL. 03/57.35.20

MAATSCHAPPELIJKE ZETEL :
STATIEPLEIN 12 - ST-AGATHA-BERCHEM
1080 BRUSSEL
TEL. 02/65.65.66

ZETEL LIEGE :
RUE EDOUARD COLSON 92
4431 LONCIN
TEL. 04/63.70.63

CONCESSIEHOUDER :

Maßangaben zum Magirus-Deutz Typ 232 D 26 K/AK, 1972.

232 D 26 K
Abmessungen

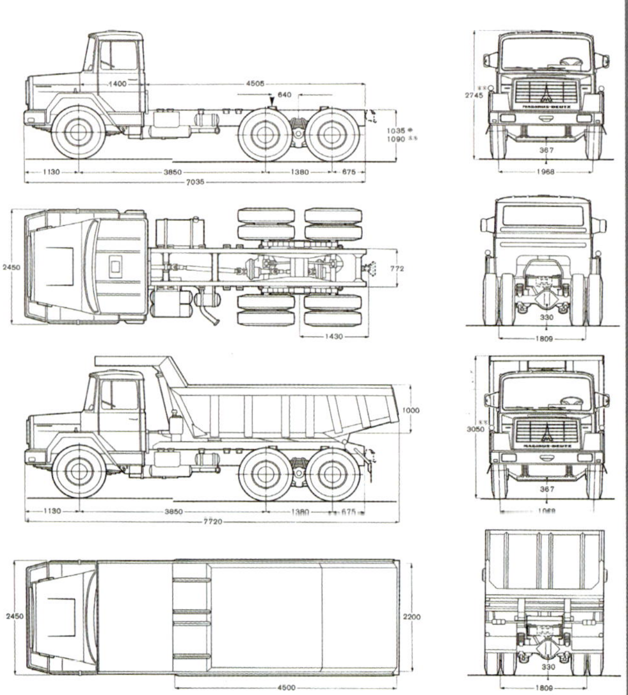

*) belastet
**) unbelastet

Abmessungen zum Magirus-Deutz Typ 232 D 26 K, 1972.

Magirus-Deutz Allradkipper M 232 D 16 AK mit Beilhack-Mähgerät aus Rosenheim, 1972. (Foto: Iveco-Magirus-Archiv)

256-PS-Magirus-Deutz Kipper 256 D 26 K 6 x 4, 1974.

232-PS-Magirus-Deutz 232 D 26 AK 6 x 6 mit hydraulischem 10 t Rau-Bergekran,1977. (Foto: Iveco-Magirus-Archiv)

305-PS-Magirus-Deutz Sattelzugmaschine 310 D 26 S 6 x 6 mit Auflieger zum Panzertransport, 1972.

Magirus-Deutz Allrad-Kipper256 D 26 6 x 6 mit Meiller-Hinterkipp-Mulde, 1973. (Foto: Iveco-Magirus)

305-PS-Magirus-Deutz Schwerlastzugmaschine 310 D 32 6 x6 mit Rhein-Bayern-Aufbau aus Kaufbeuren, 1974.
(Foto: Iveco-Magirus-Archiv)

Bau des modernen Lkw-Werkes neben dem Motorenwerk im Donautal

Als sich kurz vor dem Höhepunkt des westdeutschen Wirtschaftswunders im Jahre 1966 die Notwendigkeit zum Bau eines erheblich größeren Werkes auf der grünen Wiese nicht mehr durch Auslagerungen bestimmter Fertigungsteile verdrängen ließ, beschloss die KHD-Muttergesellschaft in einem ersten Schritt den Neubau eines großzügig angelegten Motorenwerkes im Ulmer Donautal. Im Oktober 1967 konnte die Motorenproduktion in diesem als Werk III bezeichneten Neubau anlaufen. Eine bebaute Fläche von 165 x 135 m stand für den Bau der Fahrzeug- und Industriemotoren zur Verfügung. Inzwischen aber hatte sich die Wettbewerbslandschaft verändert; die Baukonjunktur hatte sich Mitte der Sechziger abgeschwächt und der Bedarf an Baustellen-Fahrzeugen ging zurück. Auch die Bestellungen von Kommunalbetrieben und Autobahnmeistereien waren rückläufig.

Im Jahr 1971 wurde trotz der erneuten Rezession aufgrund des Rückgangs staatlicher Aufträge der Beschluss in der Kölner KHD-Zentrale gefasst, den Raummangel in den beiden Werken endlich zu beseitigen. Die KHD hatte vorsorglich 1966 das Grundstück neben dem Motorenwerk III im Donautal gekauft, so dass Motoren- und Fahrzeugbau wieder vereinigt werden konnten. Zügig entstand das Werk IV mit einem Hauptgebäude von 585 x 90 und eine Höhe von 12 m. Zwei über 500 m lange hochmoderne Montagebänder wurden angelegt, die im Oktober 1973 anliefen.

Deutz-Motorenwerk im Ulmer Donautal.↑

Magirus-Deutz-Werk im Ulmer Donautal.↓

Fahrgestelldrehung.

Montageband I.

Zur Montage des Chassis inklusive Motor und Getriebeblock, der Lackiererei und der Räderbestückung diente das Fließband im Parterre. Aus dem Kellerbereich wurden weitere Baugruppen zugeführt. Von einem zweiten Fließband im oberen Bereich der Halle kam das Fahrerhaus, das am Ende in der sogenannten Hochzeit auf den fahrfähigen Unterbau gesetzt wurde. Schließlich fuhr das Personal das Fahrzeug aus dem Erdgeschoss, wobei letzte Überprüfungen und Polierarbeiten im »Finish« stattfanden. Die Anlage war so ausgelegt, dass Fahrzeuge verschiedener Baureihen auf dem Band gefertigt werden konnten, was die Monotonie der Arbeit vermeiden sollte.

Das verschachtelte Werk I in der Ulmer Schillerstraße war weiterhin in der Aggregate-Fertigung eingebunden, und das Werk II in der Blaubeurerstraße übernahm die Fertigung der Brandschutzfahrzeuge.

Komplettierung des Fahrgestells.

Aufsetzen der Kabine auf das Fahrgestell.

Aufsetzen der Haube.

Endmontage.

Fahrzeug im Testraum mit
Grube zur Untenansicht.

Letzte Handgriffe am Fahrzeug.

Fahrerkabinen für den Zugmaschinenhersteller FAUN

Das FAUN-Werk, das seine Spezialfahrzeuge weitgehend mit Deutz-Motoren ausstattete, hatte 1974 nach Aufgabe des eigenen Karosseriebaus die moderne Magirus-Deutz-Kabine übernommen. Als Einzel- oder als Doppelkabine wurde sie bis 1990 auf 332 Schwerlastzugmaschinen, auf 2560 Sattelschlepper und auf 186 Gelände-Lastwagen gesetzt. Um die von FAUN verbauten Zehn- und Zwölfzylinder-Deutz-Dieselmotoren abzudecken, setzte das Schnaittacher Werk eigene flachere, aus GFK-Material hergestellte Hauben auf, die dem Design der Ulmer Originalhauben entsprachen.

365-PS-FAUN-Sattelzugmaschine HZ 34.30/41 6 x 6 mit Magirus-Deutz-Fahrerhaus, unlackierter FAUN-GFK-Haube und Blumhardt-Auflieger für die ägyptische Armee, 1976.

525-PS-FAUN Gelände-Lkw HL 40.45/83 (Prototyp) mit Magirus-Deutz-Doppelkabine, 1981.

Der spektakuläre Großauftrag aus der Sowjetunion

(Foto: Iveco-Magirus)

Lkw für die Baikal-Amur-Magistrale

Der spektakuläre Großauftrag der Sowjetunion, rund 9500 Lastwagen für den Bau der Baikal-Amur-Magistrale (BAM) zu liefern, konnte in dem neuen, hochmodernen Lkw-Werk bei Vollauslastung im Dreischichtbetrieb und zusätzlichem Personal in den Jahren 1974/75 bewältigt werden.

Die ständige Bedrohung der Transsibirischen Eisenbahnstrecke entlang des Flusses Amur durch chinesische Einheiten – die Gleise lagen nur rund 30 km entfernt von der russisch-chinesischen Grenze – veranlasste die damalige Führung der Sowjetunion, eine etwa 300 km nördlicher verlaufende (längere) militärstrategische Strecke durch extrem schwieriges Frostgebiet zu errichten. Gleichzeitig sollte mit diesem Großprojekt die Erschließung großer Lagerstätten von Bodenschätzen wie Kohle und Erze möglich gemacht werden. Neben der Trasse mussten 142 Brücken und weitere 3200 Bauwerke errichtet werden. Für die Errichtung der 3245 km langen Baikal-Amur-Magistrale (BAM) von Tschita bis Komsomolsk-na-Amur und dem Abzweig zum Japanischen Meer zur Hafenstadt Sowjetskaja Gawen verfügte die Sowjetunion über keine geeigneten Baufahrzeuge. Das Vorhaben, luftgekühlte Tatra-Dreiachser aus dem RGW-Land Tschechoslowakei einzuführen, scheiterte daran, dass die Tatra-Motoren bei tiefen Temperaturen nicht betriebssicher waren. Darüber hinaus besaß der Hersteller nicht die Kapazität, um einen derartigen Mammutauftrag zu erfüllen. Da schon Kontakte über das Moskauer Automobil-Forschungsinstitut NAMI zum Magirus-Deutz-Unternehmen bestanden, kam es zu Verhandlungen mit der Ulmer Geschäftsleitung, so dass 1970 zunächst einige Magirus-Deutz-Serienfahrzeuge zu Testzwecken in Sibirien eingesetzt wurden. Da diese sich problemlos bewährten, erhielt das Ulmer Werk 1974 den prestigeträchtigen Auftrag über die Lieferung zwei- und dreiachsigen Laster der Baureihen M 290 D 36 L und K sowie M 232 D 19 L und K, konfiguriert nach Wunsch der russischen Auftraggeber. Aus Kostengründen verzichteten die Auftraggeber auf die Ausstattung der Fahrzeuge mit Allradantrieb sowie auf die Bestückung mit dem besser geeigneten 305 PS starken Zehnzylindermotor F 10 L 413.

Luftkühlung
Air Cooling
Refroidissement par air
Refrigeración por aire

Die Fahrzeuge erhielten Meiller-Kippmulden aus München, Hartholz-Pritschen von Kässbohrer und Kögel aus Ulm, Vögele-Betonmischer aus Ludwigshafen, Scheele-Betonpumpen aus Unna, 50 Werkstattkoffer von O & K in Dortmund und Rhein-Bayern in Kaufbeuren-Gablonz, Seitenlader-Aufbauten von Klaus in Memmingen sowie weitere Spezialaufbauten von Köpf in Schömmerhofen. Die im Permafrostgebiet eingesetzten, kälteresistenten Ulmer Laster mit hochgelegten Luftansaugrohren und Zusatzscheinwerfern waren orangefarben lackiert, so dass sie sich von der Landschaft abhoben. Bei einem Ausfall konnten sie somit leichter gefunden werden.

Zur Lieferung gehörten noch schwere Zugmaschinen des FAUN-Werkes in Schnaittach bei Lauf a. d. Pegnitz. In zwei Exemplaren ging 1974 die vierachsige Sattelzugmaschine HZ 46.40/49 mit dem 455 PS starken Deutz-Zwölfzylinder-Diesel F 12 L 413 und zentraler Abgasanlage nach Sibirien. Vier Jahre später unterstützten 86 Sattelzugmaschinen der Baureihe HZ 34.30/41 6x6 mit dem auf 365 PS eingestellten 413er-Motor und hochgelegten Ansaugrohren sowie Tiefbett-Aufliegern von Kögel die Bauarbeiten an der nordostsibirischen Eisenbahnstrecke. Die FAUN-Fahrzeuge besaßen die Einzel- oder Doppelkabinen aus dem Karosseriebau von Magirus-Deutz; der FAUN-Karosseriebau (in GFK-Technik) war ja zuvor eingestellt worden.

Innerhalb von 14 Monaten waren alle Magirus-Deutz-Laster des Großauftrags ausgeliefert worden, wobei zwei russische Roll-on-Roll-off-Frachter die Fahrzeuge von Hamburg bis nach Leningrad transportierten.

Während der Bauarbeiten der weitgehend eingleisigen Eisenbahnstrecke stellte sich heraus, dass zu viele »Baubullen« aus der Bundesrepublik bestellt waren, ein Versehen der Planwirtschaft,

Diese spezielle Arktik-Ausführung des Tatra T 148 S1 war vor allen Dingen für den Export in die Sowjetunion gedacht. (Foto: Smlg. Michael Dünnebier)

Entladung einer Serie der Kipper vom Typ M 290 D 26 K 6 x 4 vom Roll-on-Roll-off-Frachter »Inzhener Matschulsky« in Leningrad, 1974.

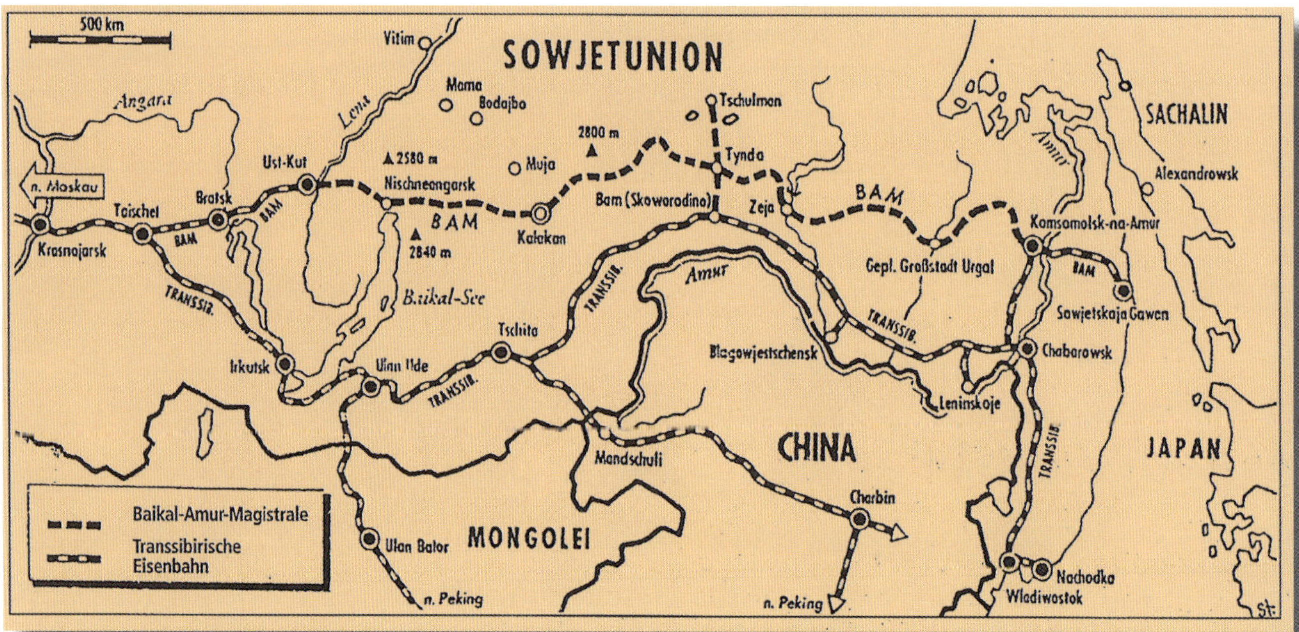

Verlauf der Baikal-Amur-Magistrale. (aus: Ambrosius, R., Magirus-Deutz 1936 – 1974, S. 161)

denn die Kalkulation hatte sich an der Tragfähigkeit sowjetischer Laster orientiert. Ein Drittel der Neubaufahrzeuge wurde daher zur Erschließung der Tyumener-Ölfelder nach Westsibirien abgezweigt. Arbeitsbrigaden aus der DDR wurden gewöhnlich mit dem Einsatz der Fahrzeuge für das sogenannte Delta-Projekt betreut. Jedenfalls bewährten sich die Ulmer Fahrzeuge tapfer unter härtesten Bedingungen.

Der Gleis- und Infrastrukturbau erforderte für die BAM weitere Jahre, so dass endlich1989 die ersten Züge die Strecke befahren konnten. Da mit dem Zusammenbruch der Sowjetunion der militärstrategische Aspekt in den Hintergrund trat, nutzte die Transsibirische Eisenbahn wieder die Ursprungstrasse. Die weitgehend brachliegende BAM-Strecke erwies sich somit als riesige Fehlinvestition. Die nach Abschluss der Bautätigkeiten noch vorhandenen Fahrzeuge wurden an private Fahrzeugbetreiber abgegeben.

Ob der Großauftrag finanziell lukrativ war, wurde später bezweifelt; jedenfalls sorgte er für die Auslastung der neuen Montagebänder. Anschließend bekam Magirus-Deutz wieder eine Flaute auf dem deutschen und europäischen Markt zu spüren, so dass das Werk Personal in großer Anzahl entlassen musste.

Kipper M 290 D 26 K als Titel einer Spielkartenserie.

290-PS-Magirus-Deutz M 290 D 26 L mit Kögel-Hartholz-Pritsche, 1974. (Foto: Bernd Regenberg)

290 D 26 S als Sattelzugmaschine mit Klaus-Seitenlader für den Röhrentransport. (Foto: Bernd Regenberg)

Muldenkipper M 290 D 26 K mit Gebrauchsspuren bei einer Einweisungsfahrt auf verschneiter Piste.

Zweiachsiger O & K-Werkstattwagen M 232 D 19 K und dreiachsiger O & K-Werkstattwagen M 290 D 26 K mit Anhänger.

Das 5000ste Exemplar verlässt das Transportschiff.

Ein nach der Auflösung der UdSSR verkaufter M 232 D 19 K mit stolzem kasachischem Fahrer, um 2011. (Foto: Georg761)

Der neue Partner Iveco nutzt ein Foto mit einer Kolonne Magirus-Deutz-Laster im Permafrostgebiet für die Zuverlässigkeit der luftgekühlten Baufahrzeuge.

Weltweite Lizenz-fertigungen

Foto: Ralf Weinreich

TAM-Fahrzeuge aus Jugoslawien

Die Firma TAM (Tovarna Automobilov Maribor) war 1942 aus einem ehemaligen Messerschmitt-Werk für Flugzeugmotoren in Maribor (Marburg) an der Drau in Slowenien entstanden. Nach Behebung der Kriegsschäden befasste sich das Werk vornehmlich mit der Reparatur von Fahrzeugen. 1947 konnte mit dem tschechischen Automobilhersteller Praga in Prag eine Lizenz zum Nachbau ihres 3,5-Tonner abgeschlossen werden, der bei TAM den Namen »Pionir« führte. Erst Ende 1957 erschien ein neues Baumuster, nachdem ein Lizenz-Abkommen mit der Klöckner-Humboldt-Deutz AG zum Bau von modernen Ulmer Lastwagen und Motoren zustande gekommen war, zumal sich der Tito-Staat immer mehr dem Westen zuwandte. Der TAM 4500 stellte als 4,5-Tonner mit dem 85-PS-Deutz-Dieselmotor die Lizenz-Ausführung des Ulmer Eckhaubers »Mercur« dar. In den Ausführungen Pritschen- und Feuerwehrwagen sowie als Sattelzugmaschine wurde das Modell mit schmaler Kastenhaube gebaut. Zweite Baureihe stellte der Typ TAM 5500 mit 125-PS-Motor dar, der in Ulm schon 1958 aufgegeben worden war. Als Schwerlaster folgte er S 6500, ebenfalls mit 125-PS-Antrieb. Aufgrund der mitunter schlechten Straßen kam die breite Kastenhaube zur Verwendung. 1969 folgten die Baureihen TAM 110/130/170, die vom V6-Motor angetrieben wurden und ebenfalls die breite Eckhaube besaßen. Typisch war bei diesen Modellen die Verlegung der Rechteck-Scheinwerfer in die Stoßstange. Auch gab es Fahrzeuge mit Allradantrieb, die beim jugoslawischen Militär geschätzt wurden. 1975 löste sich TAM von den Ulmer Haubenlastwagen und ging mit der B-Reihe zum Bau von Frontlenkern über, weiterhin ausgestattet mit Deutz-Dieselmotoren. Intensiver war hingegen die Lizenzproduktion von luftgekühlten KHD-Motoren in den Ausführungen R4, R 6, V4, V6 und V8.

175-PS-Sattelzugmaschine TAM 170 T 14 S. (Foto: Michael Dünnebier)

TAM entwickelte sich zu einem bedeutenden Hersteller, baute 6x4-Lastwagen auch für den Export (in Zusammenarbeit mit Fiat) sowie Omnibusse in MAN-Lizenz und bestand in dieser Form bis 1996.

Nach einem Zusammenbruch der Firma infolge der politischen Verhältnisse in Jugoslawien erfolgte 2001 die Neugründung unter dem Namen Tovarna Vozil Maribor (TVM) durch den slowenischen Staat, der an die erfolgreiche Zusammenarbeit mit der deutschen Firma MAN anknüpfte und den Omnibusbau wieder aufnahm. TVM Neoplan-Omnibusse zählten neben Feuerwehrfahrzeugen zu den bedeutendsten Produkten der Firma. Die TVM-Geschichte indessen endete 2011 mit einer Insolvenz; die Nachfolge trat 2013 die Firma TAM Durabus an, die wiederum seit 2016 als TAM Europe fungiert.

85-PS-Pritschenlaster TAM 4500, um 1960.

125-PS-TAM-Feuerwehr-Rüstwagen 125 T 10, um 1971. (Foto: TAM gasilec)

Werbemotiv für den TAM-Feuerwehr-Gerätewagen TAM 4500 G, 1960.

Magirus-Fahrzeuge aus Ägypten

Nachdem die Promotionsfahrt 1955/56 in Ägypten das Interesse des jungen selbstständigen Staates unter Staatspräsident Gamal Abdel Nasser geweckt hatte, kam es 1959 zur Gründung der staatlichen Firma El Nasr Automotive Manufacturing Co. (NASCO) in Heluan. Ziel der ägyptischen Regierung war es, die Abhängigkeit des Landes von Importen zu reduzieren und Arbeitsplätze in der Industrie zu schaffen. Neben der Pkw-Fertigung kam es durch ein Lizenzabkommen mit Magirus-Deutz zum Bau insbesondere des 4,5- und des 6,5-Tonners in der

120-PS-Nasr Allrad-Militärlastwagen, um 1961.

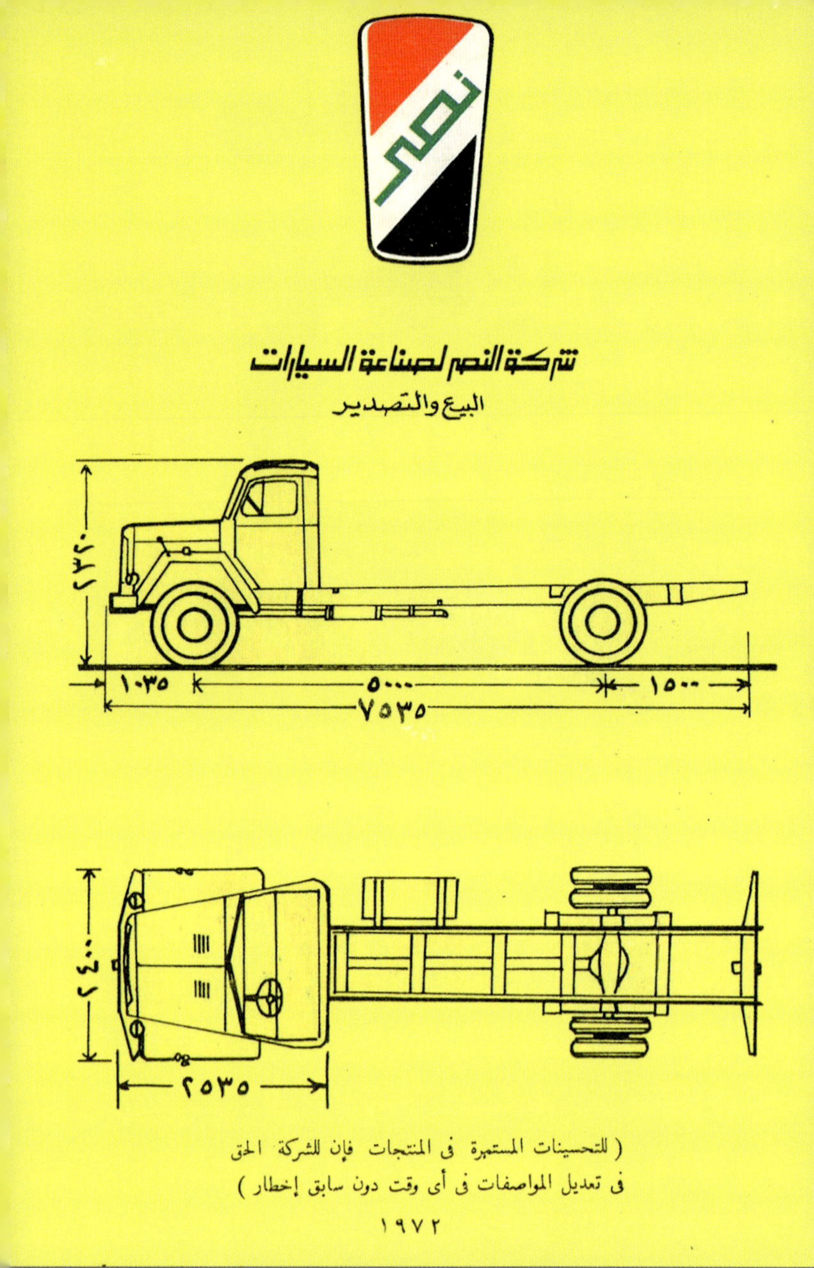

Typenblatt zum Militärlastwagen.

145-PS-Nasr-Pritschenwagen, um 1961.

Eckhauber-Version sowie des Omnibusses der »Saturn«-Baureihe. An dem 4,5-Tonner aus der »Mercur«-Baureihe war das ägyptische Militär besonders interessiert, so dass der größte Teil dorthin ging. Das größere 6x4-Modell aus der »Saturn«-Baureihe stand dem zivilen Markt offen und erhielt, den Landesgewohnheiten entsprechend, einen langen Radstand für den Aufbau einer Langpritsche. Die letzte Serie des ägyptischen »Saturns« besaß eine neugestaltete Vorderfront mit Scheinwerfern in den Kotflügeln sowie beiderseitige Luftansaugrohre. Bis 1977 waren 29.000 Lastwagen und 6500 Omnibusse produziert worden. Anschließend standen Importe der Haubenlaster der neuen Generation im Vordergrund. Aufgrund der unwirtschaftlichen Produktion musste die Montage 2009 eingestellt. werden.

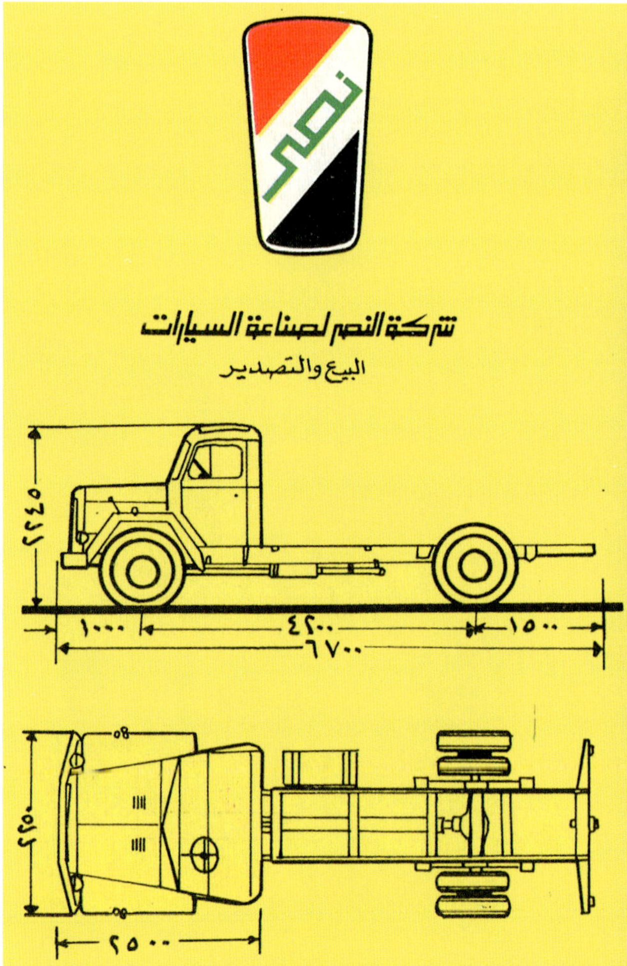

Typenblatt zum Pritschenwagen.

Baustellenmotiv mit dem 145-PS-Lastwagen mit langem Radstand.

Im Frontbereich modernisierter Nasr-Lkw. (Foto: High Contrast 2013)

Magirus-Fahrzeuge aus Belgien und Holland

Ab 1962 setzte die MAGI-BEL (Magirus-Deutz Belgié) in Antwerpen CKD-Sätze zusammen. Schon ein Jahr später zog das Unternehmen nach Kontich, wo jetzt Militärfahrzeuge montiert wurden.

Die holländische Importgesellschaft Motorkracht in Hoogeveen richtete um 1963 ein Montagewerk ein, in er anfänglich die Baureihen »Mercur« »Saturn« und »Jupiter« 4 x 4 aus CKD-Bausätzen für ein paar Jahre montiert wurden. Bis zum Ende der Marke Magirus-Deutz war die Motorkracht tätig. Darüber hinaus gab es die Deutz Magirus N.V. Vrachtwagen – Dieselmotoren in St. Agatha-Berchem, die ebenfalls CKD-Bausätze für den Zusammenbau aus Ulm bezog.

Magirus-Fahrzeuge aus Großbritannien

Ab 1967 versuchte Magirus-Deutz in Großbritannien Fuß zu fassen. In Winsford/Cheshire entstand die Magirus-Deutz (Great Britain) Ltd. Mit heimischen Aufbauten, darunter Stahlmulden und Betonmischer, sowie spezifisch englische Ausstattungen wurden dort neben Frontlenker- Schwergewichte der Baureihe 230 D 22 B 6 x 4 komplettiert. Nochmals lieferten die Ulmer 1974 das

232-PS-Magirus-Deutz Vierachser M 232 D 30 FK 8 x 4 mit 36 m³- Kipp-Aufbau, 1974. (Foto: Iveco Magirus-Archiv)

Magirus Deutz
230 D 22 B 6x4
3-Axle dump/mixer truck

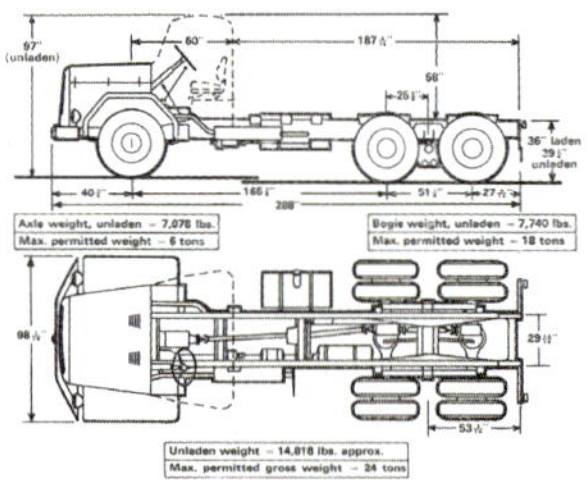

Magirus Deutz
a Product of the KHD Group

»Three-Axled Tipper-Chassis M 232 D 24 K 6 x 4 in CKD-Bausätzen nach Winsford, das dort mit lokalem Muldenaufbau versehen wurde. Beide Vorhaben waren nicht von Erfolg gekrönt. Bedeutender für die spätere Iveco-Technologie war aber dort die Konstruktion von ersten vierachsigen Magirus-Deutz-Frontlenkern für den heimischen Bedarf und für den Export in die Schweiz, eine Bauart, die erst 1985 in der Bundesrepublik zugelassen wurde. Durchschlagende Erfolge konnte Magirus-Deutz auf der Insel nicht erzielen; der Aufbau und Unterhalt des englischen Montagewerkes waren Magirus-Deutz teuer zu stehen gekommen.

Weitere Werke im Ausland

Mit CKD-Sätzen belieferte Magirus-Deutz die Montagestätte Leopoldville (heute Kinshasa) im Kongo, wo die einstige Kongo-Fahrt 1954 Interesse an den Fahrzeugen mit hitzeresistenten Motoren hervorgerufen hatte.

Typenblatt zum 230 D 22 B 6 x 4 aus dem englischen Werk in Winsford/Cheshire.

Technische Daten des Typs 232 D 24 K 6 x 4.

Engine: Deutz air-cooled "longtime" engine, type F8L 413. Four-stroke diesel V-engine with Super B direct injection. Replaceable cylinder barrels. Bottom of crankcase removable. Air-cooling by automatically governed axial blower. Oil cooler fitted to engine. Dry air cleaner. Forced-feed lubrication with change filter in main circuit, additional centrifugal filter in bypass. Single-cylinder air compressor, capacity 260 litres/min. at max. engine rpm.

Technical Data:

Number of cylinders	8
Bore	120 mm
Stroke	125 mm
Piston displacement	11310 cu. cm.
Max. speed	2650 rpm
Max. nett output (acc. to BS.AU 141.a)	170.5 Kw (228.5 bhp)
Max. torque	722 Nm (530.9 lb. ft.)
at speed between	1300–1600 rpm
Weight (without oil)	740 Kg

Output reduction: approx 1% 100 metres above sea level

Output reduction: approx 1% per 2°C over 20°C

Clutch: Single dry-plate clutch, smooth and elastic in action, hydraulically actuated, easily adjustable on slave cylinder.

Main gearbox: Horizontally positioned ZF six-speed constant-mesh gearbox AK 6–80. On special request with tipper drive N 70/1c (for end dimension see NC 5316–00–01) or with power take-off N80/10 (for end dimensions see NC 5316–00–11). As further extra, gearbox AK 6–80 with splitter box CV 80, i=0.83 stepped-up.

Power transmission: Drive over dynamically balanced propeller shafts with roller joints. Distribution of driving power on to rear driving axles via a pneumatically lockable bevel differential gear. Drive thence taken in the first rear axle via a spur gear and in the second rear axle directly on to the spiral bevel pinion and crown wheel with bevel differential gear in axle drive housing on to the planetary gears in the wheel hubs. Thrust taken to frame via torque rods.

Rear axle(s): Two banjo-type axles with flanged-on axle tubes carrying rear wheel hubs on anti-friction bearings, thus axle shafts are subject to torsion only. Planetary drive in the wheel hubs on either side. On special request pneumatically lockable bevel differential gear in axle drive housing. The axles are guided over torque arms on the frame.

Front axle: Rigid I-beam centre axle. Die-forged stub axles carrying front wheel hubs on anti-friction bearings.

Brakes: Stopmaster-Duo-Duplex-brake. Two-circuit pneumatical actuation over two-circuit prime mover brake valve. Lockable hand brake mechanically acting on rear wheels over air-controlled spring energy brake cylinders. Air-actuated exhaust brake as third brake.

Wheels: Steel disc wheels with rims 8.0–20 super.

Tyres: Front single 10.00–20 PR 16.
Rear: twin 10.00–20 off-road PR 16.

CHASSIS:
Frame: Single-piece channel-section side members of pressed steel with riveted-in cross members. Brackets provided on frame for mounting the body.

Springs: Semi-elliptic leaf springs, front springs in spring eyes forward and in shackles rearward. Rear springs pivoting on frame, rear axles supported on spring ends via slipper plates.

Shock absorbers: Two hydraulic telescopic shock absorbers on front axle.

Steering: ZF ball-and-nut type power-assisted steering with divided adjustable steering column, working smoothly and without jerks, R/H arrangement.

Other equipment (chassis): Standard tools and accessories. Towing eye at front in channel-section bumper. One spare wheel. Two reflex reflectors. One fuel tank, 200 litres. Connection for trailer brake.

Driver's cab: All-steel design, fully soundproof. One-piece windscreen of safety glass. Doors fitted with winding windows and ventilator panes. Large rear window

Windscreen wipers: Wiper system with two wiper arms and central motor. Two-speed wiper drive. Washing device with electric pump and two outlet nozzles.

Heating/ventilation: Heating and windscreen defrosting by engine-heated fresh air with blower which may be switched on at will. Can be switched to fresh air ventilation. Dual-purpose ventilation flap in cab roof for fresh air intake and spent air exhaust.

Electrical equipment: 24V

Bosch three-phase alternator	28V	27 Amp.
Bosch starter	24V	6 PS
2 batteries, each unit having	12V	143 Amp.-hr.

Lighting: Two headlamps. Rear lights, R/H side, combined stop/tail/flash signal and licence plate lamp; L/H side, combined stop/tail and flash signal lamp

Flashing system: Flash signal switch. Flash signal pilot lamp. Two flash signal lamps at the rear in lamp clusters. Warning blinker system.

Signals: Signal horn and passing signal, actuated by flash signal switch.

Instruments in instrument panel: Speedometer, fuel level indicator, dual air-pressure gauge, oil pressure gauge, engine temperature indicator.

Pilot lamps on instrument panel: Charging indicator lamp, main-beam indicator lamp, flash signal pilot lamp, spring energy brake warning lamp.

Rear dump body: In standard design of steel with steel substructure.

Lubrication: Reliable high pressure grease gun lubrication on all grease points of the chassis.

Weights +) with trailer coupling only

Chassis weight	7095 kg
Chassis carrying capacity	16905 kg
Permissible front axle load	6500 kg
Permissible rear axle load	18000 kg
Permissible gross vehicle weight	24000 kg
Permissible trailer load	(14000 kg) +)
Permissible total weight Truck-Trailer Unit	(38000 kg) +)

232D 24 K 6×4 PERFORMANCE DATA
Rear axle ratio:
(36/36×9/43 =4.78×1.524 =7.29

Tyres: 10.00–20
Front 10.00–20 PR 16/Rear: off-road

ON-ROAD

Gear Ratios		Speeds at 2650 max. rpm KPH	Speeds at 2650 max. rpm MPH	Speeds at 1300 max. torque KPH	Speeds at 1300 max. torque MPH	Gradeability in % at max. torque: Solo Vehicle 2400 kg	Gradeability in % at max. torque: Truck-Trailer Unit 38000 kg
1st gear	9.0	7.9	5.0	3.9	2.42	31.8	19.1
2nd gear	5.18	13.3	8.35	6.7	4.2	17.3	10.4
3rd gear	3.14	22.7	14.0	11.1	7.0	10.0	5.9
4th gear	1.93	36.9	23.0	18.1	11.2	5.7	3.2
5th gear	1.34	53.1	33.2	26.0	16.3	3.5	1.9
6th gear	1.0	71.1	44.5	34.9	21.8	2.3	1.1
Reverse gear	8.45	8.4	5.25	4.1	2.55		

Subject to changes in equipment and design without notice.
Klöckner-Humboldt-Deutz AG, Werk Ulm

Magirus-Deutz 232D 24 K 6×4

Magirus-Deutz (Great Britain) Ltd.
Road Five, Industrial Estate, Winsford, Cheshire, CW7 3RB
Telephone 060 65 4411 Telex 669022

268-PS-Samil 100 cargo Militärlastwagen, um 1990. (Foto: Bob Adams)

In den Wirren des Kongo-Krieges 1960 bis 1964 ging das Werk unter. In Holland wurde 1964 ein Montagewerk aufgebaut. In Griechenland und in der Türkei richtete Magirus-Deutz Montagewerke ein, zumal die damaligen dortigen Regierungen den Import von Fahrzeugen steuerlich so hoch belegten, um mit der CKD-Montage Arbeitsplätze zu schaffen. Im Iran, mit gleicher Intention, setzte ab 1968 die Zarin Khodro Industries, später die Pars Lux Industries in Teheran hauptsächlich CKD-Sätze für Omnibusse zusammen.

Von 1969 bis 1980 baute die argentinische Deca-Deutz Ulmer Fahrzeuge in Lizenz nach. Der Lizenznehmer NAMTCO in Kuwait baute Haubenlaster in den Jahren 1983 bis 1986 nach, wobei es sich gewiss nur um eine CKD-Montage gehandelt haben dürfte.

Schließlich bildeten sich aufgrund der Boykottmaßnahmen gegen die Apartheidpolitik in Südafrika – unabhängig von Magirus-Deutz in Ulm – die Firmen SAMIL (South African Military) und SAMAG (South African Magirus). Die beiden Unternehmen, das eine für Militär-, das andere für zivile Fahrzeuge, kauften gebrauchte Magirus-Deutz-Fahrzeuge auf und arbeiteten sie wieder auf. Neben Deutzer-Motoren kamen auch wassergekühlte Antriebe der südafrikanischen Firma Atlantis Diesel Engine/ADE in Kapstadt zum Einsatz. Haupttypen waren die Modelle 130 M 7 FAL (Viertonner), 192 D 12 AL (Fünftonner) und Samil 100 Cargo, der die Technik des Magirus-Deutz 320 D 22 AL nutzte.

In den USA ist noch die IVECO Trucks of North America (ITONA) in Bensalem bei Philadelphia/Pennsylvanien zu erwähnen, die ab 1978 insbesondere importierte Leichtlastwagen der Vichererklub-Baureihe aus dem Werk Donautal mit wassergekühlten UNIC-Motoren an amerikanische Nutzfahrzeughändler auslieferte. An den Absatz der mittleren und der schweren Klasse aus dem IVECO-Programm, abgesehen von einigen aus der 310 D 26 AK-Baureihe mit Ballastpritschen abgeleiteten Zugmaschinen für ein texanisches Unternehmen, war gar nicht erst zu denken. Die hochgesteckten Ziele mussten schon wenige Jahre später mit gigantischem finanziellem Verlust eingestampft werden.

Die Bullen gehen in der Iveco auf

Foto: Ralf Weinreich

Die Luft wird dünner

1969 begann die Daimler-Benz AG mit der Übernahme der Hanomag-Henschel AG in Kassel. Die Lastwagen dieses Herstellers waren für den Baustelleneinsatz hervorragend geeignet und stellten dank ihrer herausragenden Hinterachs-Konstruktion die einzige echte Konkurrenz für die »Baubullen« dar. Daimler-Benz hatte bis dahin keinen entsprechenden Baustellen-Lastwagen anbieten können, verfügte aber über ein unvergleichliches Vertriebsnetz, über das nun die Henschel-Baulaster zu bekommen waren. Hinzu kam, dass die Daimler-Benz AG mögliche Verluste stets durch die Gewinnsparte Pkw-Bau ausgleichen konnte. Die neue Konstellation für die Stuttgarter verschärfte den Wettbewerb auf dem Nutzfahrzeugmarkt, zumal die Ölkrise 1973 zu einem Absatzeinbruch bei den Verkaufszahlen führte. Erschwerend kam hinzu: KHD war durch die hohen Investitionskosten für den Neubau des Werkes IV stark belastet und musste frisches Kapital auftreiben. In dieser prekären Lage sah man sich nach einem Kooperationspartner für die Nutzfahrzeugsparte um. Nach positiven Erkundungsgesprächen mit der Nutzfahrzeugsparte der Fiat-Veicoli Industriali S.p.A., die die Marken Fiat mit drei Werken in Turin und den Omnibuswerken in Cameri und Vallle Ufita, OM (Ota Melara) in Brescia, Mailand und Suzzara, Lancia Speciali in Bozen und ab 1975 auch Unic in Trappes, Suresnes, Bourbon Lancy und Fourchambault in Frankreich vereinte, wurde die Magirus-Deutz AG in eine unabhängige Aktiengesellschaft umgewandelt und damit aus der KHD ausgegliedert. Diese Gesellschaft ging im November 1974 mit den Ulmer und Mainzer Werken in der neu gebildeten Firma IVECO (Industrial Vehicles Corporation) auf. Dieses Unternehmen wurde nach niederländischem Steuerrecht geführt, was die Länder mit Iveco-Produktionsstandorten finanziell nahezu leer ausgehen ließ. Beteiligt daran waren die Fiat S.p.A. in Turin mit 80 Prozent und KHD zu 20 Prozent. Nachdem KHD weitere Verluste, insbesondere nach dem Russland-Geschäft, angehäuft hatte, verkaufte der Konzern seine Beteiligung 1980 an Fiat. Das schon seit längerer Zeit Verlust einfahrende hochmoderne Mainzer Omnibuswerk wurde Mitte 1982 geschlossen. Der Bau der Linienbusse deckte kaum ihre Kosten, und die mutige Entwicklung eines VÖV II-Busses trotz dunkler Wolken am Himmel hatte nur Kapital verschlungen. Hinzu kam, dass der aus dem Werk in Cameri und wenig später

DAS GOLDENE BULLENHERZ
Der Deutz-Motor. Er ist der meistgebaute, luftgekühlte Dieselmotor der Welt.
Und darum trägt er ab heute unsere goldene Plakette.
DAS GOLDENE BULLENHERZ
LUFTGEKÜHLTER DEUTZ LONGTIME MOTOR
Ein starkes Herz schlägt länger
MAGIRUS DEUTZ
Die Deutschen Bullen
Die Kraft und der Fortschritt

aus dem Werk Valle Ufita bezogene Reisebus M 2000 mit anfälliger Elektrik und abgespeckter Ausstattung nach italienischem Standard immer weniger die Omnibusunternehmer überzeugen konnte. Letztlich waren auch die mehr oder minder großen Aufträge auf Militärlaster an orientalische Staaten ein Minusgeschäft, da die erzielten Preise kaum kostendeckend waren. 1983 erfolgte die Umbenennung des Lkw-Unternehmens in »Iveco Magirus AG«; die Fahrzeuge trugen den Schriftzug IVECO nebst einem kleinen Schild mit dem I-Buchstaben. Einzig seit ein paar Jahren wird der Magirus-Name wieder an die Feuerwehrfahrzeuge dezent angebracht, um die Einkäufer an die namhafte Tradition zu erinnern.

Auszug aus einem Iveco-Prospekt, 1982.

256-PS-Iveco-Magirus Allrad-Kipper 160-25 ANW, 1982.

256-PS-Iveco-Magirus Dreiseitenkipper 190-25 AN, 1982.

Jetzt auch Fiat-Motoren (1982 – 1993)

Nachdem Klöckner-Humboldt-Deutz seine Iveco-Anteile zu Beginn des Jahres 1980 an Iveco verkauft hatte, flaggte diese den Ulmer-Lastwagenhersteller 1983 zur Iveco-Magirus AG um. Da nun Iveco das uneingeschränkte Sagen im Unternehmen hatte, wurden vermehrt die Piemontesischen Triebwerke mit Wasserkühlung in die schweren Frontlenker- und Hauben-Fahrzeuge eingesetzt.

Das Baustellen-Fahrzeugprogramm, jetzt als P/PA-Baureihe bezeichnet und erkennbar an dem stärker ausgeprägten Kunststoffgrill, wurde von dem Typ 120-13 ANW (und 120-16 ANW sowie 120-17 ANW) angeführt, wobei die neue Nomenklatur zunächst das Gesamtgewicht mit zusätzlicher Null angab, danach folgte die PS-Leistung unter Wegfall einer Null. Das A stand für Luftkühlung (Aircooling), das N für Baustellen-Hauber und das W für Allradantrieb. Danach kam der 150-16 AN/ANW, ohne und mit Allradantrieb. Mit 16 t Gesamtgewicht schöpfte der 160-17 AN/ANW als 17-Tonner das ab 1986 geltende Höchst-Gesamtgewicht des Zweiachsers aus. Alle drei Modelle besaßen den aufgeladenen Sechszylinder-Diesel der Baureihe BF 6 L 913, allerdings in verschiedenen Leistungsstufen.

Der Iveco-Sechszylindermotor 8220.02 mit 201 PS kam erstmals in den schweren Baulaster 190-20 N.

Iveco-Baufahrzeuge bei Tests auf der Rüttel- und Verwindungsstrecke.

Die aus den frühen 70er Jahren stammenden, mehrfach überarbeiteten Piemonteser-Triebwerke zeichneten sich durch einen größeren Hubraum und einen höheren Kraftstoffverbrauch aus, wenn auch die Abgaswerte geringer waren.

Mit dem neuen Deutz-Achtzylinder-Diesel F 8 L 513 mit 237 PS war der schwere Typ 170-23 ANW bestückt. Für den schweren Einsatz auf Baustellen folgte der Typ 190-25 ANT (Sattelzugmaschine)/AN/ANW mit dem 256 PS starken F 8 L 413F-Diesel, wobei das maximale Gesamtgewicht auf öffentlichen Straßen nicht ausgenutzt werden durfte. Alternativ gab es den 26-Tonner mit Iveco-Motor 8210.02 als Typ 190-26 N/NW mit exakt 260 PS. Als Zweiachser für schwersten Einsatz auf Baustellen stand darüber hinaus der Typ 260-26 N/NW zur Verfügung; als Dreiachser nannte er sich 260 PAC 26 6 x 4 oder 6 x 6.

Mit 6 x 4- und 6 x 6-Antrieb gab es den 260-25 AN/ANW mit Deutz-Diesel F 8 L 413F, eingestellt auf 256 PS, der mit seinem höchstzulässigem Gesamtsamtgewicht das Limit für den Dreiachser um eine Tonne überschritt. Und wer einen Dreiachser für schwersten Baustelleneinsatz benötigte, konnte sich auf den Typ 330-32 ANW 6 x 6 beziehungsweise 320 M 33 AK verlassen.

Von 1985 bis 1990 gab es letztmals mit luftgekühltem, aufgeladenem Deutz-Motor BF 8 L 513 mit 306 PS den Schwerlastkipper 330-30 AN 6 x 4 Turbo/ANW 6 x 6 Turbo. Als letzte Neuheiten im Haubenlastwagen-Sektor erschienen 1987 und 1988 der 190-30T/N, bestückt mit dem Iveco-Motor 8210.22X, und den 330-30 N 6 x 4/NW 6 x 6 mit gleichem Motor, der auf 306 PS eingestellt war, so dass der Kunde gegenüber dem Deutz-Diesel einen gleichstarken Iveco-Diesel nutzen konnte.

Iveco-Magirus 190-30 NT Sattelzugmaschine mit wassergekühltem Fiat-Motor, 1981.

256-PS-Iveco-Magrius Dreiseiten-Kipper 190-25 AN, 1982.

Letzte Hauber von Iveco

Am Hauber-Programm änderten die neuen Eigentumsverhältnisse nichts, die robusten und zumeist mit Allradantrieb versehenen Magirus-Lastwagen waren bei Kommunalbetrieben, Autobahnmeistereien und Bauunternehmern weiterhin außerordentlich beliebt, zumal für die Hauber mit wassergekühlten Fiat-Motoren auch Alternativen zu den Deutz-Motoren zur Verfügung standen. Ihre höheren Abgaswerte ließen sich trotz verschiedener Maßnahmen nicht wesentlich reduzieren, was schließlich zur Aufgabe der Fertigung der luftgekühlten Triebwerke führte. Im Juni 1993 verließen die letzten schweren Baulaster das Ulmer Werk; innerhalb des Iveco-Firmenverbunds entstanden die einstigen Magirus-Hauber jetzt im ehemaligen OM-Werk im norditalienischen Brescia noch bis 2003, mitunter versehen mit dem Iveco-Fiat-, dem UNIC- und dem Iveco-Ford-Emblem. Ihren Platz im Modellprogramm nahmen die im spanischen Pegaso-Werk in Barcelona gebauten Iveco-Frontlenker »Euro-Trakker« ein.

Wassergekühlter und aufgeladener 304-PS-Fiat-Motor Iveco 8210.22 mit 13.798 cm³ Hubraum.

Prospekttitel zu den Frontlenker- und Hauben-Baufahrzeugen, 1987.

Luftgekühltes und aufgeladener 306-PS-Deutz-Deutz BF 8 L 513 mit 12.763 cm² Hubraum.

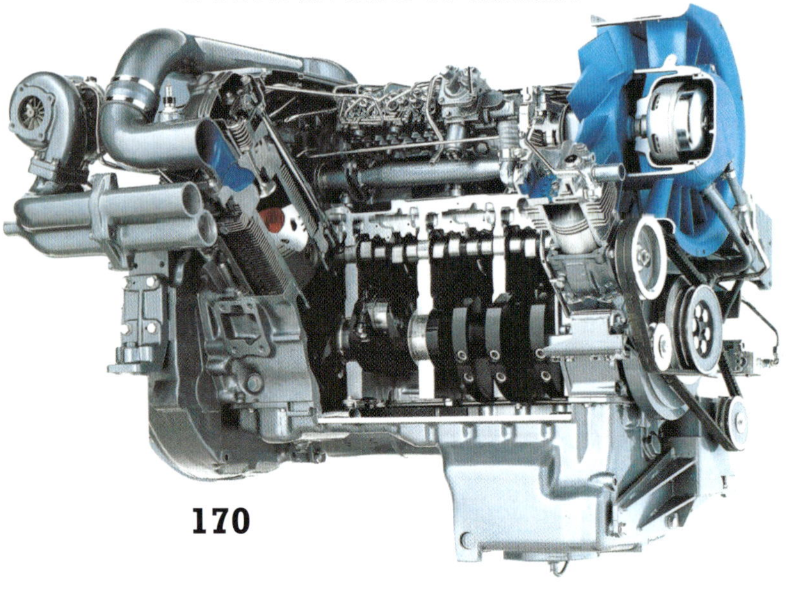

306-PS-Iveco-Magirus 330-30 ANW Allrad-Fahrgestell, 1985. (Foto: Iveco-Magirus-Archiv)

306-PS-Iveco-Magirus 330-30 ANW Allrad-Kipper mit Meiller-Aufbau, 1985. (Foto: Iveco-Magirus- Archiv)

306-PS-Iveco 330-NW Allrad-Kipper in Holland, 1989.

Abgesang und Hoffnung in Ulm und im Donautal

Das Ursprungswerk I in der Schillerstraße ist inzwischen einem Neubaugebiet (»Magirus-Höfe«) gewichen; auch das Werk II in der Blaubeurerstraße existiert nicht mehr; heute befinden sich dort eine Wohnanlage und ein Einkaufszentrum. Im Donautaler Werk IV wurden bis 2012 die Iveco-Sattelzugmaschinen der »Stralis«-Baureihe gefertigt, danach zog die Brandschutztechnik der neugebildeten Magirus GmbH dort im hinteren Gebäudekomplex ein. Aufgrund ständiger hoher Verluste steht die Brandschutzabteilung inzwischen zum Verkauf. Darüber hinaus dient der Standort neben der Entwicklung und dem Umbau von Schwerlast-Fahrzeugen der Marke Iveco der Entwicklung der erhofften Zukunftstechnik: Die amerikanische Firma Nicola Corporation aus Phoenix (Arizona) hat sich dort etabliert, die in Kooperation mit der Iveco-Muttergesellschaft CNH-Industrial Elektro-Laster entwickelt und in Kleinserie produziert.

304-PS-Iveco-Magirus 330-30 NW Allrad-Kipper mit Fiat-Motor, 1989. (Foto: Iveco-Magirus-Archiv)

Baufahrzeuge von Iveco Magirus – darauf können Sie sich verlassen.

Haubenfahrzeuge

Kipper		Kipper	
Allradkipper		Allradkipper	
Sattelzugmaschine			

Iveco Magirus-Haubenfahrzeuge: die Klassiker auf allen Baustellen. Wer diese Fahrzeuge einsetzt, kann sich immer auf sie verlassen. Denn sie sind Schwerstarbeiter auf allen Gebieten. Robust. Unverwüstlich und solide. Ihre Vorteile gelten überall in der Welt.

Und hier die typischen Vorteile der Iveco Magirus-Haubenfahrzeuge:

- Der lange Radstand bringt Richtungsstabilität. Und damit gute Geradeauslauf-Eigenschaften.
- Haubenfahrzeuge sind standfest und somit kippsicher. Denn ihr Motor liegt weit vorne und bildet somit ein zusätzliches Gegengewicht.

Beruhigend zu wissen, wenn das Gelände unsicher ist und der Schwerpunkt beim Kippen weit nach oben oder nach hinten wandert, wie etwa bei starken Mulden.

Weitere Vorteile der Hauber sind:

- Größere Sicherheit für Fahrer und Beifahrer durch den großen Vorbau.
- Der freie Durchstieg im Fahrerhaus. Besonders vorteilhaft, wenn die Fahrerseite versperrt ist.
- Der Motor ist leicht zugänglich. Das spart Zeit, wenn Wartungs- oder Reparaturarbeiten anfallen.

Iveco Magirus-Haubenfahrzeuge für die Baustelle gibt es als Kipper, Allrad-Kipper, Sattelzugmaschinen und als Fahrgestelle zur individuellen Aufbau-Gestaltung. Mit Motorstärken zwischen 96 kW/130 PS und 225 kW/306 PS. Von 12 bis 33 t GG*.

* Zulässiges Gesamtgewicht auf nichtöffentlichen Straßen.

2 3

Partner im Baubereich: Frontlenker Iveco-Magirus 190-25 AH und Kastenhauber Iveco Magirus 260-25, 1985.

Technische Daten und Literaturverzeichnis

Foto: Ralf Weinreich

1. 3- und 3,5-Tonner

Baumuster	S 330/S 3000 Leichter Lkw	A 330/A 3000 Leichter Allrad-Lkw	S 3000 HG Holzgas-Motor, mit Imbert-Generator	S 3000 Leichter Lkw	S 3500 Leichter Lkw	A 3500 Leichter Allrad-Lkw
Bauart	Pritschenwagen					Dreiseitenkipper
Antriebsart	4 x 2	4 x 4	4 x 2	4 x 2	4 x 2	4 x 4
Bauzeit	1941 - 1944 u. 1946 - 1948	1941 - 1944	1946 - 1948	1946 - 1948	1949 - 1952	1949 - 1954
Motor	KHD					
Mototyp	F 4 M 513		GF 4 M 513 H	F 4 M 513	F 4 L 514	
Zylinderzahl	4		4	4	4	
Bohrung x Hub in mm	110 x 130		110 x 130	110 x 130	110 x 140	
Hubraum in cm³	4941			4941	5322	5322
Verdichtung	22 : 1			22 : 1	17,8:1	
Verbrennungsart	Vorkammer		Fremdzündung	Vorkammer	Wirbelkammer	
Kühlung	Wasser				Luft-Gebläse	
Leistung (PS)	80 PS bei 2250 U/min		50 PS bei 2250 U/min	80 PS bei 2250 U/min	85 PS bei 2300 U/min	
Verbrauch L/100 km	20	30		20	15	15
Radstand	3700 oder 4200	3700	4200	4200	4200	3700
Getriebe	5/1	5/1 u. Vorgelege	5/1			4/1 u. Vorgelege
Höchstgeschw. (km/h)	85	75, Gelände 40		85		
Pritsche mm)	3500 - 4000 x 2100 x 500	3500 x 2100 x 500	3500 x 2100 x 500	3500 x 2100 x 500	4000 x 2100 x 500	3200 x 2100 x 500
Alternativ-Ausführung					Kipper mit R 3700, Zugmaschine mit R 3200, auch R 4900 u. 5200 mm	
Gesamtmaße in mm	6100 - 6600 x 2220 x 2230	6100 x 2220 x 2230	7040 x 2220 x 2230	6620 x 2200 x 2385		6600 x 2200 x 2385
Leergewicht in kg	3300	3660	3880	3350	3650	3900
Nutzlast in kg	3150	Straße 3000, Gelände 2700	3000	3120	3550	3700
Gesamtgewicht in kg	6450	6760	6880	6470	7200	7600
Besonderheit			auch mit Zündstrahl-motor ZF 4 M 513		anfänglich 75 PS bei 2350 U/min	

2. Eckhauber-Generation 1 · 2.1 Bauzeit 1953 - 1958

Baumuster	A 4500 Mittelschw. Allrad-Baustellen-Lkw mit schmaler Eckhaube	A 6500 Schwerer Baustellen-Lkw mit breiter Eckhaube	A 12000 (Uranus) ab 1957 Uranus 170 A Schwerer Allrad-Lkw mit langer u. breiter Eckhaube	A 12000 Uranus ab 1957 Uranus 250 A ab 1964 250 D 25 A	Kranwagen KW 15 ab 1961 KW 16	Kranwagen KW 20
Bauart	Dreiseitenkipper o. Pritschenwagen	Dreiseitenkipper	Schwerst-Lastwagen mit Pritsche ab 1957 als Muldenkipper		Schwerer Berge-Kranwagen	
Antriebsart	4 x 4	4 x 4	6 x 6	6 x 6	6 x 6	6 x 6
	VA mit Planetenvorgelege					
Bauzeit	1954 - 1955	1953 - 1955	1955 - 1959	1955 - 1965	1957 - 1967	1967 - 1975
Motor	KHD					
Motortyp	F 4 L 514	F 8 L 614		F 12 L 614		F 8 L 914
Zylinderzahl	4	V8		V12		V8
Bohrung x Hub in mm	110 x 140	110 x 140		110 x 140		120 x 140
Hubraum in cm³	5322	10.644		15.966		12.667
Verdichtung	17,8 : 1					18:01
Verbrennungsart	Wirbelkammer					Direkteinspritzung
Kühlung	Luft-Gebläse					Luft-Gebläse
Leistung (PS)	85 PS bei 2300 U/min	170 PS bei 2250 U/min		250 PS bei 2300 U/min		230 PS bei 2300 U/min
Verbrauch L/100 km	23,5			32		
Radstand	3700	4415	4500 + 1280 Export: 4450 + 1380	4450 + 1380	3800 + 1280 bzw. 3775 + 1330	3850 + 1380
Getriebe	5/1	6/1	6/1	6/1	6/1 + Vorgelege	6/1 + Vorgelege
Höchstgeschw. (km/h)	73,2	62,8		51 - 61,3		
Pritsche (Maße in mm)	3200 x 2100 x 400	4000 x 2320 x 400				
Alternativ-Ausführung	Als Muldenkipper u. Sattelschlepper mit R: 3800 + 1280 Export-Versionen: 3750 + 1380					
Gesamtmaße	6100 x 2340 x 2500	7250 x 2500 x 2550	7250 (7950) x 2500		8500 x 2500 x 3500 bzw. 8700 x 2500 x 3350	8800 x 2500 x 3575
Leergewicht in kg	4500				18.000 bzw. 22.700	
Nutzlast in kg	Kipper: 4100 Pritschenwagen 4600	6350	9.000	9800	Kranlast bis 15 bzw. 16 to	Kranlast bis20 to
Gesamtgewicht in kg	9000 bzw. 8500	13.200	23.000	15.200 Exportmodell: 25.000	23.000 bzw. 25.400	26.000
Bemerkungen						auch mit 270 PS

2.2 Bauzeit 1956 - 1971 · Bundeswehrmodelle				
Baumuster	A 6500 Schwerer Militär-Lkw	A 7500 Jupiter Schwerer Militär-Lkw	178 D 15 A Schwerer Militär-Lkw	Schwerer Militär-Lkw
Bauart	Lkw 7 t gl (4 x 4) mit Stahlblech- o. Einheits-fahrerhaus mit Faltverdeck	Lkw 7 t gl (6 x 6) mit Einheitsfahrerhaus mit Faltverdeck	Lkw 7 t gl (6 x 6) mit Einheitsfahrerhaus mit Faltverdeck	Lkw 7 t gl (6 x 6) Werferfahrzeug mit geschütztem Fahrerhaus
Antriebsart	4 x 4, VA mit Planetenvor-gelege	6 x 6 mit Planetenvorgelege		
Bauzeit	1956 - 1960	1960 - 1964	1964 - 1967	1970 - 1971
Motor	KHD			
Motortyp	F 8 L 614		F 8 L 714 A	
Zylinderzahl	V8		V8	
Bohrung x Hub in mm	110 x 140		120 x 140	
Hubraum in cm³	10.644		12.667	
Verdichtung	1 : 19		1 : 23	
Verbrennungsart	Wirbelkammer		Vielstoff-Wirbelkammer	
Kühlung	Luft-Gebläse		Luft-Gebläse	
Leistung (PS)	170 PS bei 2300 U/min		178 PS bei 2300 U/min	
Verbrauch L/100 km	30 (auf Straße)		35 (auf Straße)	
Radstand (R)	4815	4160 + 1280		
Getriebe	6/1 mit Vorgelege	6/1 mit Vorgelege		
Höchstgeschwindigkeit (km/h)	74	74	74	74
Pritsche (Maße in mm)	5000 x 2350	5000	5000	
Alternativ-Ausführung	Abschleppwagen mit R 3615 mm u. Kurzpritsche mit 3200 mm Sattelzugmaschine mit R 4415 mm	Zugkraftwagen mit R 3760 + 1280 mm u. Kurzpritsche mit 4250 mm, Sattelzugmaschine mit R 3760 + 1280 mm		
Gesamtmaße in mm	8000 x 2500 x 2950	8000 x 2500 x 3240 (mit Seilwinde)		7660 x 2500 x 2850
Leergewicht in kg	7000, mit Seilwinde 7400	7450, mit Seilwinde 7850		
Nutzlast in kg	7600	7300		
Gesamtgewicht in kg	14.600	14.750 bzw. mit Seilwinde 15.150		15.250

2.3 Bauzeit 1958 - 1964						
Baumuster	Mercur AK Mittl. Baustellen-Lkw	Mercur 112 AK Mittl. Baustellen-Lkw	Mercur 120 AK Mittl. Baustellen-Lkw	Mercur 126 L Mittl. Verteiler-Lkw	Mercur 126 K Mittl. Verteiler- u. Baustellen-Lkw	Mercur 126 AK Mittl. Baustellen-Lkw
Bauart	Dreiseitenkipper	Dreiseitenkipper	Dreiseitenkipper	Pritschenwagen	Dreiseitenkipper	Dreiseitenkipper
Antriebsart	4 x 4	4 x 4	4 x 4	4 x 2	4 x 2	4 x 4
Bauzeit	1958 - 1963	1958 - 1959	1959 - 1961	1963 - 1964	1963 - 1964	1963 - 1964
Motor	KHD					
Motortyp	F 4 L 514	F 6 L 614D	F 6 L 613			
Zylinderzahl	4	V6	V6			
Bohrung x Hub in mm	110 x 140	110 x 140	110 x 130			
Hubraum in cm³	5322	7983	7412			
Verdichtung	17,8 : 1					
Verbrennungsart	Wirbelkammer					
Kühlung	Gebläse-Luft					
Leistung (PS)	85 PS bei 2300 U/min	112 PS bei 2300 U/min	120 PS bei 2500 U/min	126 PS bei 2500 U/min		
Verbrauch L/100 km		14,4	18,7	18	18	20
Radstand	3700	3700	3700	4400 bzw. 4850	3700 bzw. 4200	3700
Getriebe	5/1 mit Vorgelege	5/1 mit Vorgelege	5/1 mit Vorgelege	5/1 mit Vorgelege	5/1 mit Vorgelege	5/1 mit Vorgelege
Höchstgeschw. (km/h)	74	73	73,6	80		
Pritsche (Maße in mm)	3200 x 2100 x 400	3200 x 2100 x 400	3200 x 2100 x 500	4250 bzw. 5000 x 2200 x 500	3200 x 2240 x 500 o. 3800 x 2100 x 450	3400 x 2100 x 500
Alternativ-Ausführung						
Gesamtmaße in mm	6100 x 2250 x 2500	6030 x 2250 x 2450	6030 x 2250 x 2450	6930 (7680) x 2400 x 2350	5910 x 2400 x 2350	6110 x 2400 x 2350
Leergewicht in kg	4550	4900	5000	4350 bzw. 4500	4850 bzw. 4950	5250
Nutzlast in kg	4800	4950	5000	6650 bzw. 6500	6350 bzw. 6250	6150
Gesamtgewicht in kg	9350	9850	10.000	11.000	11.200	11.400

2.3 Bauzeit 1958 - 1964

Baumuster	Saturn AK	Saturn 145 HD K	Saturn 145 AK	Saturn 145 AK 6 x 6	Saturn 150 AK	Saturn 150 AK 6 x 6
	Mittelschwerer Allrad-Baustellen-Lkw	Mittelschwerer Baustellen-Lkw	Mittelschwerer Allrad-Baustellen-Lkw			
Bauart	Dreiseitenkipper	Dreiseitenkipper	Dreiseitenkipper	Dreiseitenkipper	Dreiseitenkipper	Muldenkipper
Antriebsart	4 x 4	4 x 2	4 x 4	6 x 6	4 x 4	6 x 6
	HA mit Planetenvorgelege		mit Planetenvorgelege			
Bauzeit	1958 - 1959	1961	1959 - 1961	1960 - 1961	1961 - 1964	1961 - 1964
Motor	KHD					
Motortyp	F 6 L 613	F 6 L 714				
Zylinderzahl	V6	V6				
Bohrung x Hub in mm	110 x 130	120 x 140				
Hubraum in cm³	7412	9500				
Verdichtung		19 : 1				
Verbrennungsart	Wirbelkammer	Wirbelkammer				
Kühlung	Luft-Gebläse	Luft-Gebläse				
Leistung (PS)	120 PS b. 2500 U/ min	145 PS bei 2500 U/min			150 PS bei 2300 U/min	
Verbrauch L/100 km		20		21	21	21 bzw. 27
Radstand	3700	4400	4200	3350 + 1300	4200	3750 + 1300
Getriebe	5/1 mit Vorgelege	5/1	5/1 mit Vorgelege			6/1 mit Vorgelege
Höchstgeschw. (km/h)	75	72	76	71	71	63
Pritsche (Maße in mm)	3800 x 2200 x 450	4250 x 2200 x 450	3800 x 2200 x 450	3800 x 2250 x 450	3800 x 2240 x 450	3900 x 2260 x 750
Alternativ-Ausführung	Version 120 HD L mit R 3700 als Pritschenwagen 1961 - 1962		Version HD AK 4 x 4 mit Nutzlast 6775	Muldenkipper	Version 150 K mit R 4400 und Nutzlast 7425 kg	Fahrgestell L 6 x 4 mit R 3750 + 1300 für Betonmischer
Gesamtmaße in mm	6145 x 2400 x 2560	6920 x 2250 x 2300	6145 x 2400 x 2560	6850 x 2400 x 2560	6680 x 2400 x 2650	6850 x 2400 x 2560
Leergewicht in kg	5750		5825	6025	6600	9050
Nutzlast in kg	6250	7225	6175	6775	6400	11.450
Gesamtgewicht in kg	12.000	13.500	12.000	12.800	14.000	20.500
Besonderheiten	anfänglich mit F 6 L 614 und 125 PS					

2.3 Bauzeit 1958 - 1964

Baumuster	Jupiter 150 K Schwerer Baustellen-Lkw	Jupiter 170 HD K Schwerer Baustellen-Lkw	Jupiter 170 HD AK Schwerer Allrad-Baustellen-Lkw	Jupiter 195 K Schwerer Baustellen-Lkw	Jupiter 195 AK Schwerer Allrad-Baustellen-Lkw	Jupiter 6 x 6 Z ab 1965 195 D 22 AK Schwerer Allrad-Baustellen-Lkw	Jupiter 200 (A)K ab 1961 Pluto 200 (A)K Schwerer (Allrad-) Baustellen-Lkw
Bauart	Dreiseitenkipper						
Antriebsart	4 x 2	4 x 2	4 x 4	4 x 2	4 x 4	6 x 6	4 x (4) 2
	Bei Allrad VA mit Planetenvorgelege						
Bauzeit	1961 - 1962	1961	1961	1961 - 1962	1961 - 1963	1962 - 1965	1961 - 1963
Motor	KHD						
Motortyp	F 6 L 714	F 8 L 714					
Zylinderzahl	V6	V8					
Bohrung x Hub in mm	120 x 140	120 x 140					
Hubraum in cm³	9500	12.667					
Verdichtung	19 : 1	19 : 1					
Verbrennungsart	Wirbelkammer						
Kühlung	Luft-Gebläse						
Leistung (PS)	150 PS bei 2300 U/min	170 PS bei 2300 U/min	170 PS bei 2300 U/min	195 PS bei 2300 U/min	195 PS bei 2300 U/min	195 PS bei 2300 U/min	200 PS bei 2300 U/min
Verbrauch L/100 km		21,5	28	24	28		38
Radstand	4400	4400	4415	4415	4115	3750 + 1300	4600
Getriebe	6/1 mit Vorgelege	6/1 mit Vorgelege	6/1 mit Vorgelege	6/1 mit Vorgelege	6/1 mit Vorgelege	6/1 mit Vorgelege	6/1 mit Vorgelege
Höchstgeschw. (km/h)		71		81		72	82,7
Pritsche (Maße in mm)	4000 x 2350 x 6000	4000 x 2300 x 500		4000 x 2300 x 500	4200 x 2300 x 500	4200 x 2300 x 700	4000 x 2300 x 500
Alternativ-Aufbau							Version 200 S 4 x 2 als Sattelzugmaschine
Gesamtmaße in mm	6600 x 2500 x 2340	7150 x 2500 x 2350		6600 x 2500 x 2580	6600 x 2500 x 2580	7170 x 2500 x 2560	6725 x 2500 x 2625
Leergewicht in kg	7000			7000	8400	9000	8500 bzw. 8900
Nutzlast in kg	8200	10.010	7800	8200	8000	12.500	7500 bzw. 7100
Gesamtgew. in kg	15.200	15.200		15.200	16.400	21.500	16.000

2.3 Bauzeit 1964 - 1971							
Baumuster	120 D 9 L Leichter Verteiler-Lkw	126 D 11 L Leichter Lkw für den Baustelleneinsatz	126 D 11 K Leichter Lkw für den Baustelleneinsatz	126 D 11 AK Leichter Allrad-Lkw für den Baustelleneinsatz	126 D 12 AK Leichter Allrad-Lkw für den Baustelleneinsatz	126 D 15 K Leichter Lkw für den Baustelleneinsatz	126 D 15 AK Leichter Allrad-Lkw für den Baustelleneinsatz
Bauart	Pritschenwagen	Pritschenwagen	Dreiseitenkipper	Dreiseitenkipper	Dreiseitenkipper	Pritschenwagen	Pritschenwagen
Antriebsart	4 x 2	4 x 2	4 x 2	4 x 4	4 x 4	4 x 2	4 x 4
				HA mit Planeten-vorgelege	HA mit Planeten-vorgelege		HA mit Planeten-vorgelege
Bauzeit	1964 - 1967	1964 - 1965	1964 - 1967	1964 - 1967	1970 - 1971	1965 - 1967	1965 - 1967
Motor	KHD						
Mototyp	F 6 L 613				F 6 L 912	F 6 L 613	
Zylinderzahl	V6				R6	V6	
Bohrung x Hub in mm	110 x 130				100 x 120	110 x 130	
Hubraum in cm³	7412				5665	7412	
Verdichtung					17 : 1		
Verbrennungsart	Wirbelkammer				Direkteinsprit-zung	Wirbelkammer	
Kühlung	Luft-Gebläse				Luft-Gebläse	Luft-Gebläse	
Leistung	120 PS bei 2500 U/min	126 PS bei 2500 U/min			120 PS bei 2800 U/min	126 PS bei2500 U/min	
Verbrauch L/100 km	17						
Radstand	4200		3700 oder 4200	3700	3900 (mit Lade-kran) 4200	4400	4200
Getriebe	5/1	5/1	5/1	5/1	5/1 mit Vorgelege	5/1	5/1
Höchstgeschwindig-keit (km/h)	81,6	80	78	74			
Pritsche (Maße in mm)	4250 x 2100 x 500	4250 - 5000 2200 x 500	3400 x 2240 500 bzw. 3800 2240 x 400	3400 x 2240 x 500	3800 x 2240 x 500	4000 x 2300 x 500	3800 x 2300 x 500
Alternativ-Ausfüh-rung						Version 126 D 15 B mit Beton-mischeraufbau	
Gesamtmaße in mm	7100 x 2250	6930 - 7680 x 2350	5910 x 2400	6110	6405 (6850) x 2300 x 2700	6445 x 2400	6650 x 2400
Leergewicht in kg	4150 bzw. 4200				5250 bzw. 5300		
Nutzlast in kg	4750 bzw. 5600	6600 bzw. 6500	6250 bzw. 6350	6150	6750 bzw. 6700	8350	7900
Gesamtgewicht in kg	8900 bzw. 9800	11.000	11.400	11.400	12.000	14.500	

2.3 Bauzeit 1964 - 1971							
Baumuster	135 D 12 K Leichter-Lkw für den Bau-stelleneinsatz	135 D 12 AK Leichter Allrad-Lkw für den Bau-stelleneinsatz	150 D 13 K Mittelschwerer Lkw für den Bau-stelleneinsatz	150 D 13 AK Mittelschwerer Allrad-Lkw für den Baustellein-einsatz	150 D 21 AK 6 x 6 Mittelschwerer Allrad-Lkw für den Baustellein-einsatz	150 D 14 K Mittelschwerer Lkw für den Baustelleneinsatz	150 D 14 AK Mittelschwerer Allrad-Lkw für den Baustellein-satz
Bauart	Dreiseitenkipper	Dreiseitenkipper	Dreiseitenkipper	Dreiseitenkipper	Muldenkipper	Dreiseitenkipper	Dreiseitenkipper
Antriebsart	4 x 2	4 x 4	4 x 2	4 x 4	6 x 6	4 x 2	4 x 4
		HA mit Planetenvorgelege			Planetenvorge-lege		HA mit Planetenvorge-lege
Bauzeit	1967 - 1970	1967 - 1970	1964 - 1965	1964 - 1965	1964 - 1967	1965 - 1967	1965 - 1967
Motor	KHD						
Motortyp	F 6 L 413 V	F 6 L 714				F 6 L 814	
Zylinderzahl	V6	V6				V6	
Bohrung x Hub in mm	120 x 125	120 x 140				115 x 140	
Hubraum in cm³	8482	9500				8730	
Verdichtung	18 : 1	19 : 1					
Verbrennungsart	Direkteinsprit-zung	Wirbelkammer				Direkteinspritzung	
Kühlung	Luft-Gebläse	Luft-Gebläse				Luft-Gebläse	
Leistung (PS)	135 PS bei 2400 U/min	150 PS bei 2300 U/min				150 PS bei 2300 U/min	
Verbrauch l/100 km							
Radstand	3700 bzw. 4200	3900	4400	4200	3350 + 1300	4400	4200
Getriebe	5/1	5/1	5/1	6/1	6/1	6/1	6/1
Höchstgeschw.(km/h)	75,8	73,3			47 bzw. 63,2	87	77
Pritsche (Maße in mm)	3400 - 3800 x 2240 x 500	3400 x 2240 x 500	3800 x 2240 x 500		3900 x 2260 x 750	4000 x 2300 x 500	3800 x 2300 x 500
Alternativ-Ausführung		Version 135 D 15 AL für Sonder-aufbauten			Version 150 D 21 B 6 x 4 für Betonmischer		Version 150 D 14 L für Sonderauf-bauten
Gesamtmaße in mm	6100 bzw. 6450 x 2400	6620 x 2400			7000 x 2460		
Leergewicht in kg							
Nutzlast in kg	7125 bzw. 7050	6800 bzw. 6600	7425	6950	11.600	8100	7700
Gesamtgewicht in kg	12.000	12.000	13.000	13.000	20.500	14.000	14.000

2.3 Bauzeit 1964 - 1971						
Baumuster	**156 D 15 K** Mittelschwerer Lkw für den Baustellen-verkehr	**156 D 15 AK** Mittelschwerer Allrad-Lkw für den Baustellenverkehr	**156 D 21 AK 6 x 6** Mittelschwerer Allrad-Lkw für den Baustellenverkehr	**170 D 15 K** Mittelschwerer Lkw für den Baustellen-verkehr	**170 D 15 AK** Mittelschwerer Allrad-Lkw für den Baustellenverkehr	**170 D 21 AK 6 x 6** Mittelschwerer Allrad-Lkw für den Baustellenverkehr
Bauart	Dreiseitenkipper	Dreiseitenkipper	Muldenkipper	Dreiseitenkipper	Dreiseitenkipper	Dreiseitenkipper
Antriebsart	4 x 2	4 x 4	6 x 6	4 x 2	4 x 4	6 x 6
			mit Planetenvor-gelege		VA mit Planetenvorgelege	HA mit Planetenvorgelege
Bauzeit	1967 - 1969	1967 - 1969	1969	1969 - 1971	1969 - 1971	1969 - 1971
Motor	KHD					
Motortyp	F 6 L 814			F 6 L 413 V		
Zylinderzahl	V6			V6		
Bohrung x Hub in mm	115 x 140			120 x 125		
Hubraum in cm³	8730			8482		
Verdichtung	18 : 1			18 : 1		
Verbrennungsart	Direkteinspritzung			Direkteinspritzung		
Kühlung	Luft-Gebläse			Luft-Gebläse		
Leistung (PS)	156 PS bei 2300 U/min			170 PS bei 2650 U/min		
Verbrauch L/100 km				18,8		
Radstand	4400	4200	3350 + 1300	4400	4400	3400 + 1300
Getriebe	6/1	6/1	6/1	6/1	6/1	6/1
Höchstgeschw. (km/h)	84	81	78	79,5	73,5	63,4
Pritsche (Maße in mm)	4000 x 2300 x 500	3800 x 2300 x 500	3900 x 2260 x 750	4000 x 2300 x 500	4000 x 2300 x 500	
Alternativ-Ausführung			Version 156 D 22 B 6 x 4 für Beton-mischer-Aufbau R 3700 + 1300		Version 170 D 12 AK	
Gesamtmaße in mm	6850 x 2470	6650	7000 x 2460	6850 x 2470	6850 x 2470	
Leergewicht in kg	6350	6650				
Nutzlast in kg	8650	8350		8650	8150	
Gesamtgewicht in kg	15.000	15.000	20.500	15.000		

2.3 Bauzeit 1964 - 1971						
Baumuster	**200 D 16 K** Schwerer Baustellen-Lkw	**200 D 16 AK** Schwerer Allrad-Baustellen-Lkw	**200 D 19AK** Schwerer Allrad-Baustellen-Lkw	**200 D 22 K 6 x 4** Schwerer Baustellen-Lkw	**200 D 22 AK 6 x6** Schwerer Allrad-Baustellen-Lkw	200 D 26 AK 6 x 6 Schwerer Allrad-Baustellen-Lkw
Bauart	Dreiseitenkipper	Dreiseitenkipper	Muldenkipper	Dreiseitenkipper	Muldenkipper	Muldenkipper
Antriebsart	4 x 2	4 x 4	4 x 4	6 x 4	6 x 6	6 x 6
		VA mit Planetenvorgelege		Planetenvorgelege	Planetenvorgelege	Planeten-Vorgelege
Bauzeit	1964 - 1966	1964 - 1966	1966 - 1967	1965 - 1966	1965 - 1966	1965 - 1967
Motor	KHD					
Motorttyp	F 8 L 714					
Zylinderzahl	V8					
Bohrung x Hub in mm	120 x 140					
Hubraum in cm³	9500					
Verdichtung	19 : 1					
Verbrennungsart	Wirbelkammer					
Kühlung	Luft-Gebläse					
Leistung	200 PS bei 2300 U/min					
Verbrauch L/100 km	29					
Radstand	4600	4600	4600	3750 + 1300	3850 + 1300	3850 + 1300
Getriebe	6/1	6/1	6/1	6/1	6/1	4200 x 2300 x 700
Höchstgeschw. (km/h)				81	72	71,5
Pritsche (Maße in mm)	4000 x 2300 x 500			4200 x 2300 x 700	4200 x 2300 x 700	4500 x 2300 x 800
Alternativ-Ausführung	Version 200 D 16 L mit R 5400 u. Nutz-last 10.250 kg Version 200 D 16 S als Sattelschlepper mit R 4000			Version 200 D 22 L mit R 5150 + 1300 Version 200 D B 6 x 4 für Betonmi-scher-Aufbau		
Gesamtmaße in mm						
Leergewicht in kg	7100	7750				
Nutzlast in kg	8900	8250		13.300	12.350	14.650
Gesamtgewicht in kg	16.000	16.000	19.000		21.250	26.000

2.3 Bauzeit 1964 - 1971

Baumuster	**210 D 16 K** Schwerer Baustellen-Lkw	**210 D 16 AK** Überschwerer Allrad-Baustellen-Lkw	**210 D 19 AK** Überschwerer Allrad-Baustellen-Lkw	**210 D 22 K 6 x 4** Schwerer Baustellen-Lkw	**210 D 22 AK 6 x 6** Schwerer Allrad-Baustellen-Lkw
Bauart	Dreiseitenkipper	Dreiseitenkipper	Muldenkipper	Dreiseitenkipper	Dreiseitenkipper
Antriebsart	4 x 2 VA mit Planetenvorgelege	4 x 4 VA mit Planetenvorgelege	4 x 4 VA mit Planetenvorgelege	6 x 4 Planetenvorgelege	6 x 6 Planetenvorgelege
Bauzeit	1966 - 1967	1966 - 1967	1967 - 1969	1966 - 1968	1966 - 1968
Motor	KHD				
Motortyp	F 8 L 814				
Zylinderzahl	V8				
Bohrung x Hub in mm	115 x 140				
Hubraum in cm³	11.633				
Verdichtung					
Verbrennungsart	Direkteinspritzung				
Kühlung	Luft-Gebläse				
Leistung (PS)	210 PS bei 2300 U/min				
Verbrauch L/100 km					
Radstand (R)	4600	4600	4600	3750 + 3100	3850 + 1300
Getriebe	6/1	6/1	6/1	6/1	6/1
Höchstgeschw. (km/h)	75	74		86,7	78,5
Pritsche (Maße in mm)	4000 x 2300 x 500	4000 x 2300 x 500		4200 x 2300 x 800	
Alternativ-Ausführung				Version 210 D 22 L 6 x 4 mit R 5150 + 1300 Version 210 D 22 6 x 4 mit Gesamtgewicht 22.000 kg Version 210 D 22 B 6 x 4 für Betonmischer-Aufbau	Version 210 D 26 AK 6 x 6 mit Nutzlast 14.650 kg u. Gesamtgew. 26.000 kg
Gesamtmaße in mm	6704 x 2500	6915 x 2500		7150 x 2500	
Leergewicht in kg					
Nutzlast in kg	8900	8250		13.040	12.550
Gesamtgewicht in kg			19.000		

2.3 Bauzeit 1964 - 1971

Baumuster	**230 D 16 K** Schwerer Baustellen-Kipper	**230 D 16 AK** Schwerer Allrad-Baustellen-Kipper	**230 D 22 K 6 x 4** Schwerer Baustellen-Kipper	**230 D 22 AK 6 x 6** Schwerer Allrad-Baustellen-Kipper	**230 D 26 K 6 x 4** Überschwerer Baustellen-Kipper	230 D 230 AK 6 x 6 Überschwerer Allrad-Baustellen-Kipper
Bauart	Dreiseitenkipper	Dreiseitenkipper	Dreiseitenkipper	Dreiseitenkipper bzw. Muldenkipper	Dreiseitenkipper	Dreiseitenkipper bzw. Muldenkipper
Antriebsart	4 x 2 VA mit Planetenvorgelege	4 x 4 VA mit Planetenvorgelege	6 x 4 Planetenvorgelege	6 x 6 Planetenvorgelege	6 x 4	6 x 6 VA mit Planetenvorgelege
Bauzeit	1967 - 1971	1967 - 1971	1967 - 1968	1967 - 1971	1967 - 1971	1967 - 1971
Motor	KHD					
Motortyp	F 8 L 914					
Zylinderzahl	V8					
Bohrung x Hub in mm	120 x 140					
Hubraum in cm³	12.667					
Verdichtung	18 : 1					
Verbrennungsart	Direkteinspritzung					
Kühlung	Luft-Gebläse					
Leistung (PS)	230 PS bei 2300 U/min					
Verbrauch L/100 km						
Radstand (R)	4600	4600	3750 + 1300	3750 + 1300	3850 + 1380	3850 + 1380
Getriebe						
Höchstgeschw. (km/h)	75	74	86,7	70,9	72	71,5
Pritsche (Maße in mm)	4000 x 2300 x 500	4000 x 2300 x 500	4200 x 2300 x 800	4000 x 2260 x 800	4500 x 2300 x 800	4500 x 2300 x 900
Alternativ-Ausführung	Version 230 D 16 S als Sattelschlepper mit R 4000		Version 230 D 22 B 6 x 4 mit R 3750 + 1300 bzw. 4200 + 1300 für Betonmischer-Aufbau			Mulde 4500 x 2260 x 900
Gesamtmaße in mm		6870 x 2500	7150 x 2500	7150 bzw. 7300 x 2500	7480 x 2500	7480 x 2500 mit Mulde 7750 x 2500
Leergewicht in kg						
Nutzlast in kg	8850	8250	13.050	12.550 bzw. 12.125	15.000	15.100 bzw. mit Mulde 14.350
Gesamtgewicht in kg			22.000		26.000	

3. Eckhauber-Generation 2 · 3.1 Bauzeit 1971 - 1975							
Baumuster	120 D 12 K/1 Leichter Baustellen-Lkw	120 D 12 AK/1 Leichter Allrad-Baustellen-Lkw	130 D 12 K Leichter Baustellen-Lkw	130 D 12 AK Leichter Allrad-Baustellen-Lkw	130 D 15 K Leichter Baustellen-Lkw	160 D 12 K Mittelschwerer Baustellen-Lkw	160 D 12 AK Mittelschwerer Allrad-Baustellen-Lkw
Bauart	Dreiseitenkipper	Dreiseitenkipper	Dreiseitenkipper	Dreiseitenkipper	Dreiseitenkipper	Dreiseitenkipper	Dreiseitenkipper
Antriebsart	4 x 2	4 x 4	4 x 2	4 x 4	4 x 2	4 x 2	4 x 4
					HA mit Planetenvorgelege		
Bauzeit	1971 - 1973	1971 - 1973	1972 - 1975	1972 - 1975	1974 - 1975	1973 - 1975	1973 - 1975
Motor	KHD						
Motortyp	F 6 L 912					BF 6 L 913 (mit Turbolader)	
Zylinderzahl	R6					R6	
Bohrung x Hub in mm	100 x 120					102 x 125	
Hubraum in cm³	5655					6120	
Verdichtung	17 : 1					17 : 1	
Verbrennungsart	Direkteinspritzung					Direkteinspritzung	
Kühlung	Luft-Gebläse					Luft-Gebläse	
Leistung (PS)	120 PS bei 2800 U/min		130 PS bei 2800 U/min			160 PS bei 2650 U/min	
Verbrauch L/100 km		17,5			18,5	18	18,2
Radstand (R)	3900, mit Ladekran 4200				4400	3900, mit Lade-kran 4200	
Getriebe	5/1	5/1 +Vorgelege	5/1	5/1 + Vorgelege	5/1	5/1	5/1 + Vorgelege
Höchstgeschw. (km/h)	74	72	74,5	72,3	73,5	77,9	75,5
Pritsche (Maße in mm)	3800 x 2240 x 500		3800 x 2300 x 500		4200 x 2300 x 600	3800 x 2300 x 500	3800 x 2300 x 500
Alternativ-Ausführung						Version 160 D 15 K mit R 4400, Nutzlast 8510 kg	
Gesamtmaße in mm	6405 (6850) x 2300 x 2700	6405 (6850) x 2300 x 2700	6420 x 2290		6750 x 2290		
Leergewicht in kg	5250	5700					
Nutzlast in kg	7050	6600			8780	6680	6530
Gesamtgewicht in kg	12.300	12.300	12.300	12.600	15.000	12.300	12.600

3.1 Bauzeit 1971 - 1975							
Baumuster	160 D 15 K Mittelschwerer Baustellen-Lkw	170 D 12 AK/1 Mittelschwerer Allrad-Baustellen-Lkw	170 D 15 K/2 Mittelschwerer Allrad-Lkw	170 D 15 AK/2 Mittelschwerer Allrad-Baustellen-Lkw	170 D 21 AK 6 x 6 Mittelschwerer Allrad-Baustellen-Lkw	232 D 16 K Schwerer Bau-stellen-Lkw	232 D 16 AK Schwerer Allrad-Baustellen-Lkw
Bauart	Dreiseitenkipper	Dreiseitenkipper	Dreiseitenkipper	Dreiseitenkipper	Dreiseitenkipper	Dreiseitenkipper	Dreiseitenkipper
Antriebsart	4 x 2	4 x 4	4 x 2	4 x 4	6 x 6	4 x 2	4 x 4
	HA mit Planeten-vorgelege	HA mit Planeten-vorgelege	mit Planeten-vorgelege	mit Planeten-vorgelege	HA mit Planeten-vorgelege	mit Planeten-vorgelege	mit Planeten-vorgelege
Bauzeit	1974 - 1975	1971 - 1975	1971 - 1975	1971 - 1975	1971 - 1973	1971 - 1972	1970 - 1972
Motor	KHD						
Motortyp	BF 6 L 913 (mit Turbolader)	F 6 L 413				F 8 L 413	
Zylinderzahl	R6	V6				V8	
Bohrung x Hub in mm	102 x 125	120 x 125				120 x 125	
Hubraum in cm³	6128	8482				11.310	
Verdichtung	17 : 1	18 : 1				18 : 1	
Verbrennungsart	Direkteinspritzung	Direkteinspritzung				Direkteinspritzung	
Kühlung	Luft-Gebläse	Luft-Gebläse				Luft-Gebläse	
Leistung (PS)	160 PS bei 2650 U/min	176 PS bei 2650 U/min				232 PS bei 2650 U/min	
Verbrauch L/100 km		17,3				20	
Radstand (R)	4400	3900, mit Lade-kran 4200	4400	4400	3400 + 1380	4600	4600
Getriebe	6/1	5/1 + Vorgelege	6/1	6/1 + Vorgelege	6/1+ Vorgelege	6/1 oder 6/1 + Vorgelege	6/1 + Vorgelege
Höchstgeschw.(km/h)	81	77,2	81	78,6	80	77,3	76,3
Pritsche (Maße in mm)	4200 x 2300 x 600	3800 x 2300 x 500	4200 x 2300 x 600	4200 x 2300 x 600		4300 x 2300 x 500	4300 x 2300 x 500
Alternativ-Ausführung						Version 232 D 16 S als Sattelzugmaschine mit R 4000	
Gesamtmaße in mm	6770 x 2990	6405 (6850) x 2300 x 2700	6775 x 2300 x 2650	6775 x 2300 x 2700		7030 x 2450 x 2800	7030 x 2450 x 2800
Leergewicht in kg			7100	7500		7400	7850
Nutzlast in kg	8510	6400	7900	7500	13.560	8600	8150
Gesamtgewicht in kg	15.000	12.600	15.000	15.000	21.000	16.000	16.000

3.1 Bauzeit 1971 - 1975							
Baumuster	232 D 22 K 6 x 4 Schwerer Baustellen-Lkw	232 D 22 AK 6 x 6 Schwerer Allrad-Baustellen-Lkw	232 D 26 AK 6 x 6 Überschwerer Baustellen-Lkw	270 D 16 K Schwerer Allrad-Baustellen-Lkw	270 D 16 AK Schwerer Baustellen-Lkw	310 D 16 K Schwerer Allrad-Baustellen-Lkw	310 D 16 AK Schwerer Allrad-Baustellen-Lkw
Bauart	Dreiseitenkipper	Dreiseitenkipper	Muldenkipper	Dreiseitenkipper	Dreiseitenkipper	Dreiseitenkipper	Dreiseitenkipper
Antriebsart	6 x 4	6 x 6	6 x 6	4 x 2	4 x 4	4 x 2	4 x 4
	HA mit Planetenvorge-lege	mit Planetenvorge-lege	mit Planetenvorge-lege	HA mit Planetenvorge-lege	mit Planetenvorge-lege	HA mit Planetenvorge-lege	mit Planetenvorge-lege
Bauzeit	1972 - 1976	1971 - 1976	1971 - 1975	1971 - 1975	1971 - 1975	1971 - 1975	1971 - 1975
Motor	KHD						
Motortyp	F 8 L 413			F 10 L 413			
Zylinderzahl	V8			V10			
Bohrung x Hub in mm	120 x 125			120 x 130			
Hubraum in cm³	11.310			14.702			
Verdichtung	18 : 1			18 : 1			
Verbrennungsart	Direkteinspritzung			Direkteinspritzung			
Kühlung	Luft-Gebläse			Luft-Gebläse			
Leistung (PS)	232 PS bei 2650 U/min			270 PS bei 2650 U/min		305 PS bei 2650 U/min	
Verbrauch L/100 km							
Radstand (R)	3750 + 1380	3750 + 1380	3850 + 1380			4600	4600
Getriebe	9/1	9/1 + Vorgelege	6/1	9/1	9/1 + Vorgelege	6/1 oder 6/1 + Vorgelege	6/1 + Vorgelege
Höchstgeschw.(km/h)	82,7	75	63,3	85,9	84,6	86,1	84,7
Pritsche (Maße in mm)	4600 x 2300 x 800	4500 x 2300 x 1000	4800 x 2300 x 1100	4300 x 2300 x 600	4300 x 2300 x 600	4300 x 2300 x 600	4300 x 2300 x 600
Alternativ-Ausführung		auch mit Mulde 4200 x 2200 x 900			Version 270 D 16 S als Sattelzug-maschine mit R 4000 mm	Version 310 D 16 S als Sattelzug-maschine mit R 4000 mm	
Gesamtmaße in mm	7330 x 2500 x 2870	7330 x 2500 x 2870	7480 x 2500 x 2900	7030 x 2450 x 2800	7030 x 2450 x 2800	7200 x 2450 x 2800	7200 x 2450 x 2800
Leergewicht in kg	9150	10.000	10.700	7865	8400	8400	8400
Nutzlast in kg	12.850	12.000	15.300	8135	7600	7600	7600
		mit Mulde 11.700	mit Mulde 14.000			8600	8100
Gesamtgewicht in kg	22.000	22.000	26.000	16.000	16.000	16.000	16.000

3.1 Bauzeit 1971 - 1975	
Baumuster	310 D 26 AK 6 x 6 Überschwerer Baustellen-Lkw
Bauart	Dreiseiten-Kipper
Antriebsart	6 x 6 mit Planetenvorgelege
Bauzeit	1972 - 1975
Motor	KHD
Motortyp	F 10 L 413
Zylinderzahl	V10
Bohrung x Hub in mm	120 x 130
Hubraum in cm³	14.702
Verdichtung	18 : 1
Verbrennungsart	Direkteinspritzung
Kühlung	Luft-Gebläse
Leistung	305 PS bei 2650 U/min
Verbrauch L/100 km	26
Radstand (R)	3850 + 1380
Getriebe	9/1 + Vorgelege
Höchstgeschwindigkeit (km/h)	84,1
Pritsche (Maße in mm)	4500 x 2300 x 1000
Alternativ-Ausführung	
Gesamtmaße in mm	7480 x 2500 x 2900
Leergewicht in kg	11.200
Nutzlast in kg	14.800
Gesamtgewicht in kg	26.000

3.2 Bauzeit 1975 - 1981

Baumuster	130 D 12 K Mittelschwerer Baustellen-Lkw	130 D 12 AK Mittelschwerer Allrad Baustellen-Lkw	130 D 15 K Mittelschwerer Baustellen-Lkw	130 D 15 AK Mittelschwerer Allrad-Baustellen-Lkw	160 D 12 K Mittelschwerer Baustellen-Lkw	160 D 12 AK Mittelschwerer Allrad-Baustellen-Lkw
Bauart	Dreiseitenkipper	Dreiseitenkipper	Dreiseitenkipper	Dreiseitenkipper	Dreiseitenkipper	Dreiseitenkipper
Antriebsart	4 x 2	4 x 4	4 x 2	4 x 4	4 x 2	4 x 4
		HA mit Planetenvorgelege		HA mit Planetenvorgelege		HA mit Planetenvorgelege
Bauzeit	1975 - 1982	1975 - 1982	1975 x 1982	1975 x 182	1975- 1979	1975 - 1982
Motor	KHD					
Motortyp	F 6 L 913				BF 6 L 913 (mit Turbolader)	
Zylinderzahl	R6				R6	
Bohrung x Hub in mm	102 x 125				102 x 125	
Hubraum in cm³	6120				6120	
Verdichtung	17 : 1				15,5 : 1	
Verbrennungsart	Direkteinspritzung				Direkteinspritzung	
Kühlung	Luft-Gebläse				Luft-Gebläse	
Leistung (PS)	130 PS bei 2800 U/min				160 PS bei 2800 U/min	
Verbrauch L/100 km	74		18,5		18	18,2
Radstand (R)	3900, mit Ladekran 4200	3900, mit Ladekran 4200	4400	4400	3900, mit Ladekran 4200	3900, mit Ladekran 4200
Getriebe	5/1	5/1 +Vorgelege	5/1	5/1 + Vorgelege	5/1	5/1 + Vorgelege
Höchstgeschw. (km/h)	74	71,8	74	73,5	79	76,5
Pritsche (Maße in mm)	3800 x 2300 x 500	3800 x 2300 x500	4200 x 2300 x 600	4200 x 2300 x 600	3800 x 2300 x 500	3800 x 2300 x 500
Alternativ-Ausführung	L mit Ladekran: 3600	L mit Ladekran: 3800 Bauzeit: 1975 - 1979				
Gesamtmaße in mm	6405 (6850) x 2300 x 2650	6405 (6850) x 2300 x 2650	6775 x 2300 x 2650	6775 x 2300 x 2650	6405 (6850) x 2300 x 2650	6405 (6850) x 2300 x 2650
Leergewicht in kg	5160	5670	6350	6630	5620	6070
Nutzlast in kg	7140	6930	8750	8570	6680	6530
Gesamtgewicht in kg	12.300	12.600	15.000	15.200	12.300	12.600

3.2 Bauzeit 1975 - 1981

Baumuster	160 D 15 K Mittelschwerer Baustellen-Lkw	160 D 15 AK Mittelschwerer Allrad-Baustellen-Lkw	170 D 12 AK Mittelschwerer Allrad-Baustellen-Lkw	170 D 15 K Mittelschwerer Baustellen-Lkw	170 D 15 AK ab 1982 **150-18 ANW** Mittelschwerer Allrad-Baustellen-Lkw	192 M 16 AK ab 1983 **160-19 ANW** Mittelschwerer Allrad-Baustellen-Lkw
Bauart	Dreiseitenkipper	Dreiseitenkipper	Dreiseitenkipper	Dreiseitenkipper	Dreiseitenkipper	Dreiseitenkipper
Antriebsart	4 x 2	4 x 4	4 x 4	4 x 2	4 x 4	4 x 4
	HA mit Planetenvorgelege					mit Planetenvor-gelege
Bauzeit	1975 - 1982	1975 - 1982	1975 - 1982	1975 - 1982	1975 - 1983	1979 - 1983
Motor	KHD					
Motortyp	BF 6 L 913 (mit Turbolader)		F 6 L 413			F 6 L 413F
Zylinderzahl	R6		V6			V6
Bohrung x Hub in mm	102 x 125		125 x 130			125 x 130
Hubraum in cm³	6128		9572			9572
Verdichtung	15,5 : 1					18 : 1
Verbrennungsart	Direkteinspritzung		Direkteinspritzung			Direkteinspritzung
Kühlung	Luft-Gebläse		Luft-Gebläse			Luft-Gebläse
Leistung (PS)	160 PS bei 2650 U/min		176 PS bei 2650 U/min			192 PS bei 2500 U/min
Verbrauch L/100 km		20	18,8			22,7
Radstand (R)						4600
Getriebe	6/1	6/1	5/1	6/1	5/1	6/1 + Vorgelege
Höchstgeschw. (km/h)	81,5	78,8	76,2			91,7
Pritsche (Maße in mm)	4200 x 2300 x 600	4200 x 2330 x 500	3800 x 2300 x 500 oder 3600 x 2300 x 600			4300 x 2300 x 600
Alternativ-Ausführung						
Gesamtmaße in mm	6770 x 2290			6780		7030 x 2500
Leergewicht in kg	6490		6220	6700	7190	8100
Nutzlast in kg	8510	8990	6380	8300	8010	7900
Gesamtgewicht in kg	15.000	15.200	12.600	15.000	15.200	16.000

3.2 Bauzeit 1975 - 1981					
Baumuster	**232 D 16 AK** Schwerer Allrad-Baustellen-Lkw	**232 D 26 K 6 x 4** Überschwerer Baustellen-Lkw	**232 D 26 AK 6 x 6** Überschwerer Allrad-Baustellen-Lkw	**256 D 16 K** Schwerer Baustellen-Lkw	**256 D 16 AK** Schwerer Allrad-Baustellen-Lkw
Bauart	Dreiseitenkipper	Dreiseitenkipper	Dreiseitenkipper	Dreiseitenkipper	Dreiseitenkipper
Antriebsart	4 x 4 mit Planetenvorgelege	6 x 4 mit Planetenvorgelege	6 x 6 mit Planetenvorgelege	4 x 2 HA mit Planetenvorgelege	4 x 4 mit Planetenvorgelege
Bauzeit	1975 - 1982	1975 - 1978	1975 - 1978	1977 - 1981	1977 - 1981
Motor	KHD				
Motortyp	F 8 L 413			F 8 L 413F	
Zylinderzahl	V8			V8	
Bohrung x Hub in mm	120 x 125			120 x 125	
Hubraum in cm³	12.763			12.763	
Verdichtung	18 : 1			18 : 1	
Verbrennungsart	Direkteinspritzung			Direkteinspritzung	
Kühlung	Luft-Gebläse			Luft-Gebläse	
Leistung	232 PS bei 2650 U/min			256 PS bei 2500 U/min	
Verbrauch L/100 km	20			19	
Radstand (R)	4600	3850 + 1380		4600	4600
Getriebe	6/1 + Vorgelege	6/1	6/1 + Vorgelege	6/1	6/1 +Vorgelege
Höchstgeschw. (km/h)	77	74	82,5	76,6	85,2
Pritsche (Maße in mm)	4300 x 2300 x 600		4600 x 2300 x 1000 oder Mulde: 4800 x 2300 x 1100	4300 x 2300 x 600	4300 x 2300 x 600
Alternativ-Ausführung					
Gesamtmaße in mm				7030 x 2500 x 2840	7030 x 2500 x 2840
Leergewicht in kg	7950	10.330	10.920	7600	8150
Nutzlast in kg	8050	15.670	15.080	8400	7850
Gesamtgewicht in kg	16.000	26.000	26.000	16.000	16.000

3.2 Bauzeit 1975 - 1981						
Baumuster	**256 D 26 K 6 x 4** Schwerer Baustellen-Lkw	**256 D 26 AK 6 x 6** Schwerer Allrad-Baustellen-Lkw	**256 M 19 K** Schwerer Baustellen-Lkw	**256 M 19 AK** Schwerer Allrad-Baustellen-Lkw	**256 M 26 K 6 x 4** Überschwerer Baustellen-Lkw	**256 M 26 AK 6 x 6** Überschwerer Allrad-Baustellen-Lkw
Bauart	Dreiseitenkipper	Muldenkipper	Dreiseitenkipper	Dreiseitenkipper	Dreiseitenkipper	Mudenkipper
Antriebsart	6 x 4 HA mit Planetenvor-gelege	6 x 6 mit Planetenvor-gelege	4 x 2 HA mit Planetenvor-gelege	4 x 4 mit Planetenvor-gelege	6 x 4 HA mit Planetenvor-gelege	6 x 6 mit Planetenvor-gelege
Bauzeit	1977 - 1981	1977 - 1981	1980 - 1982	1980 - 1982	1980 - 1982	1980 - 1982
Motor	KHD					
Motottyp	F 8 L 413F					
Zylinderzahl	V8					
Bohrung x Hub in mm	125 x 130					
Hubraum in cm³	12.763					
Verdichtung	18 : 1					
Verbrennungsart	Direkteinspritzung					
Kühlung	Luft-Gebläse					
Leistung	256 PS bei 2500 U/min					
Verbrauch L/100 km	25,3	24	29,4		25,9	
Radstand (R)	3850 + 1380	3850 + 1380	4600	4600	3850 + 1380	3850 + 1380
Getriebe	9/1	9/1	6/1	6/1 + Vorgelege	5/1	4/1
Höchstgeschw. (km/h)	73,3	80,5				
Pritsche (Maße in mm)	4600 x 2300 x 1000		4300 x 2300 x 600		4600 x 2300 x 900	
Alternativ-Ausführung		Mulde: 4800 x 2300 x 1100	Version 256 M 19 S Sattelzugmaschine mit R 4000			Mulde: 4800 x 2300 x 1100
Gesamtmaße in mm	7430 x 2500 x 2870	7430 x 2500 x 2870	7430 x 2500 x 2870	7430 x 2500 x 2870	7430 x 2500 x 2870	7430x 2500 x 2870
Leergewicht in kg	10.200	10.400	9280	9830		
Nutzlast in kg	15.800	15.600	9720	9170	18.210	17.610
Gesamtgewicht in kg	26.000	26.000	19.000	19.000	26.000	26.000

3.2 Bauzeit 1975 - 1981						
Baumuster	**270 D 16 K** Schwerer Baustellen-Lkw	**270 D 16 AK** Schwerer Allrad-Baustellen-Lkw	**270 D 26 K 6 x 4** Überschwerer Baustellen-Lkw	**270 D AK 8 x 6** Überschwerer Allrad-Baustellen-Lkw	**310 D 16 K** Schwerer Baustellen-Lkw	**310 D 16 AK** Schwerer Allrad-Baustellen-Lkw
Bauart	Dreiseitenkipper	Dreiseitenkipper	Dreiseitenkipper	Muldenkipper	Dreiseitenkipper	Dreiseitenkipper
Antriebsart	4 x 2	4 x 4	6 x 4	6 x 6	4 x 2	4 x 4
	HA mit Planetenvor-gelege	mit Planetenvor-gelege	HA mit Planetenvor-gelege	mit Planetenvor-gelege	HA mit Planetenvor-gelege	mit Planetenvor-gelege
Bauzeit	1975 - 1979	1975 - 1979	1976 - 1978	1976 - 1978	1975 - 1981	1975 - 1981
Motor	KHD					
Motortyp	F 10 L 413F					
Zylinderzahl	V10					
Bohrung x Hub in mm	125 x 140					
Hubraum in cm³	15.953					
Verdichtung	18 : 1					
Verbrennungsart	Direkteinspritzung					
Kühlung	Luft-Gebläse					
Leistung	270 PS bei 2500 U/min				305 PS bei 2650 U/min	
Verbrauch L/100 km	19	19,5	20,9		20,5	
Radstand (R)	4600	4600	3850 + 1380	3850 + 1380	4600	4600
Getriebe	6/1	6/1 + Vorgelege	9/1 + Vorgelege	9/1 + Vorgelege	9/1	9/1 + Vorgelege
Höchstgeschw. (km/h)	80,8	79,5	81,9	76,7		
Pritsche (Maße in mm)	4300 x 2300 x 600	4300 x 2300 x 600	4600 x 2300 x 1000		4300 x 2300 x 600	4300 x 2300 x 600
Alternativ-Ausführung	Version 270 D 16 S als Sattelzugmaschine mit R 4000			Mulde: 4800 x 2300 x 1100	Version 310 D 16 S als Sattelzugmaschine mit R 4000	
Gesamtmaße in mm	7065 x 2500	7200 x 2500		7630 x 2500	6500 x 2500	
Leergewicht in kg						
Nutzlast in kg	8310	7630	15.470	14.180	8240	7560
Gesamtgewicht in kg			26.000	26.000		

3.2 Bauzeit 1975 - 1983			
Baumuster	**310 D 26 K 6 x 4** Überschwerer Baustellen-Lkw	**310 D 26 AK 6 x 6** Überschwerer Allrad-Baustellen-Lkw	**310 D 32 AK 6 x 6**, ab 1982 **320-31 ANW** Überschwerer Allrad-Baustellen-Lkw
Bauart	Dreiseitenkipper	Muldenkipper	Muldenkipper
Antriebsart	6 x 4 HA mit Planetenvorgelege	6 x 6 mit Planetenvorgelege	6 x 6 mit Planetenvorgelege
Bauzeit	1975 - 1981	1975 - 1981	1981 - 1983
Motor	KHD		
Motortyp	F 10 L 413F		
Zylinderzahl	V10		
Bohrung x Hub in mm	125 x 130		
Hubraum in cm³	15.953		
Verdichtung	18 : 1		
Verbrennungsart	Direkteinspritzung		
Kühlung	Luft-Gebläse		
Leistung	305 PS bei 2650 U/min		
Verbrauch L/100 km	26		
Radstand (R)	3850 + 1380	3850 + 1380	4000 + 1380
Getriebe	9/1	9/1 + Vorgelege	9/1 + Vorgelege
Höchstgeschwindigkeit (km/h)	81,9	80,5	82,6
Pritsche (Maße in mm)	4600 x 2300 x 1000	4800 x 2300 x 1000	
Aufbau alternativ			Fahrgestell für Kipper u. Sonderaufbauten
Gesamtmaße in mm	7630 x 2500	7630 x 2500	
Leergewicht in kg			
Nutzlast in kg	15.470	14.330	
Gesamtgewicht in kg	26.000	26.000	32.000

Iveco-Magirus-Eckhauber-Lastwagen · 3.3 Bauzeit 1982 - 1993

Baumuster	120-13 ANW Mittelschwerer Allrad-Baustellen-Lkw	120-16 ANW ab 1989 120- 17 ANW Mittelschwerer Allrad-Baustellen-Lkw	150-16 AN Mittelschwerer Baustellen-Lkw	150-16 ANW Mittelschwerer Allrad-Baustellen-Lkw	160-17 AN Mittelschwerer Baustellen-Lkw	160-17 ANW Mittelschwerer Allrad-Baustellen-Lkw
Bauart	Dreiseitenkipper	Dreiseitenkipper	Dreiseitenkipper	Dreiseitenkipper	Dreiseitenkipper	Dreiseitenkipper
Antriebsart	4 x 4 mit Planetenvorgelege	4 x 4 mit Planetenvorgelege	4 x 2 HA mit Planetenvorgelege	4 x 4 mit Planetenvorgelege	4 x 2 HA mit Planetenvorgelege	4 x 4 mit Planetenvorgelege
Bauzeit	1982 - 1993	1982 - 1993	1982 - 1993	1982 - 1989	1989 - 1993	1989 - 1993
Motor	KHD					
Motortyp	BF 6 L 913 (mit Turbolader)					
Zylinderzahl	R6					
Bohrung x Hub in mm	102 x 125					
Hubraum in cm³	6128					
Verdichtung	15,5 : 1					
Verbrennungsart	Direkteinspritzung					
Kühlung	Luft-Gebläse					
Leistung	130 PS bei 2500 U/min	160 PS bei 2500 U/min, ab 1989 169 PS			196 PS bei 2500 U/min	
Verbrauch L/100 km	15,4	16,1	18,5	20,2		
Radstand (R)	3990, mit Ladekran 4200	3900, mit Ladekran 4200				
Getriebe	5/1 + Vorgelege	5/1 + Vorgelege	6/1	6/1 + Vorgelege	6/1	6/1 + Vorgelege
Höchstgeschw. (km/h)	72,2	78,9	85,9	76,5	84	81
Pritsche (Maße in mm)	3800 x 2330 x 500	3800 x 2330 x 500 oder 3600 x 2330 x 600	4200 x 2330 x 500	4200 x 2330 x 500	4200 x 2330 x 500	4200 x 2330 x 500
Alternativ-Ausführung						
Gesamtmaße in mm	6420 (6865) x 2300 x 2740	6420 (6865) x 2300 x 2740	6420 (6865) x 2330 x 2740	6770 x 2300 x 2860	6778 x 2417 x 2740	6778 x 2417 x 2740
Leergewicht in kg	5880	6040	6620	6780		
Nutzlast in kg	6720	6560	8880	8720		
Gesamtgewicht in kg	12.600	12.600	15.500	15.800	16.500	16.200

Iveco-Magirus-Eckhauber-Lastwagen · 3.3 Bauzeit 1982 - 1993

Baumuster	170-23 ANW Schwerer Allrad-Baustellen-Lkw	190-20 N Schwerer Baustellen-Lkw	190-25 AN Schwerer Baustellen-Lkw	190-25 ANW Schwerer Allrad-Baustellen-Lkw	190-26 N Schwerer Baustellen-Lkw ab 1982 190 PAC 26	190-26 NW ab 1982 190 PAC 26 4 x 4 Schwerer Allrad Baustellen-Lkw
Bauart	Dreiseitenkipper	Dreiseitenkipper	Dreiseitenkipper	Dreiseitenkipper	Dreiseitenkipper	Dreiseitenkipper
Antriebsart	4 x 4 mit Planetenvorgelege	4 x 2 HA mit Planetenvorgelege	4 x2 HA mit Planetenvorgelege	4 x 4 mit Planetenvorgelege	4 x 2 HA mit Planetenvorgelege	4 x 4 mit Planetenvorgelege
Bauzeit	1992 bzw. 1990	1981 - 1983	1982 - 1988	1982 - 1988	1981 - 1983	1981 - 1983
Motor	KHD	Iveco	KHD		Iveco	
Motortyp	F 8 L 513	8220.02	F 8 L 413F		8210.02	
Zylinderzahl	V8	R6	V8		R6	
Bohrung x Hub in mm	128 x 130	125 x 130	125 x 130		137 x 156	
Hubraum in cm³	13.382	9572	15.953		13.798	
Verdichtung	16,7 : 1	17 : 1	18 : 1		16 : 1	
Verbrennungsart	Direkteinspritzung	Direkteinspritzung	Direkteinspritzung		Direkteinspritzung	
Kühlung	Luft-Gebläse	Wasser	Luft-Gebläse		Wasser	
Leistung	237 PS bei 2300 U/min	201 bei 2600 U/min	256 PS bei 2500 U/min		260 PS bei 2200 U/min	
Verbrauch L/100 km						
Radstand (R)	4600	4600	4600	4600	4600	4600
Getriebe	6/1	6/1	9/1	9/1 + Vorgelege		4/1
Höchstgeschw. (km/h)	88	83		92,4	87	70
Pritsche (Maße in mm)	4200 x 2330 x 600	4200 x 2300 x 6000	4200 x 2330 x 600	4200 x 2330 x 600	4200 x 2330 x 600	4200 x 2330 x 600
Alternativ-Ausführung	1990: Kommunalaufbau		Version 190-25 ANT als Sattelzugmaschine mit R 4000			
Gesamtmaße in mm		7165 x 2500	7030 x 2500 x 2910	7030 x 2500	7165 x 2500	7165 x 2500
Leergewicht in kg	8035	7650		8400	8150	8850
Nutzlast in kg	9965	8350		8600	7850	7150
Gesamtgewicht in kg	18.000	16.000	16.000, ab 1986 17.000	16.000, ab 1986 17.000	16.000	16.000

Iveco-Magirus-Eckhauber-Lastwagen · 3.3 Bauzeit 1982 - 1993

Baumuster	190-30 N Schwerer Baustellen-Lkw	260-25 AN 6 x 4 Schwerer Baustellen-Lkw	260-25 ANW 6 x 6 Schwerer Allrad-Baustellen-Lkw	260-26 N ab 1982 260 PAC 26 6 x 4 Überschwerer Baustellen-Lkw	260-26 NW ab 1982 260 PAC 26 6 x 6 Überschwerer Allrad-Baustellen-Lkw	330-32 ANW 6 x 6 ab 1982 320 M 33 AK Überschwerer Allrad-Baustellen-Lkw
Bauart	Dreiseitenkipper	Dreiseitenkipper	Dreiseitenkipper bzw. Muldenkipper	Dreiseitenkipper	Dreiseitenkipper	Dreiseitenkipper und Schwertransportzugmaschine
Antriebsart	4x 2	6 x 4	6 x 6	6 x 4	6 x 6	6 x 6
	HA mit Planetenvorgelege	HA mit Planetenvorgelege	mit Planetenvorgelege	HA mit Planetenvorgelege	mit Planetenvorgelege	mit Planetenvorgelege
Bauzeit	1987 - 1993	1982 - 1986	1982 - 1986	1981 - 1983	1981 - 1983	1981 - 1982
Motor	Iveco	KHD		Iveco		KHD
Motortyp	8210.22X	F 8 L 413F		8210.02		F 10 L 413F
Zylinderzahl	R6	V8		R6		V10
Bohrung x Hub in mm	137 x 156	125 x 130		137 x 156		125 x 130
Hubraum in cm³	13.798	12.763		13.798		15.953
Verdichtung	15 : 1	18 : 1		15 : 1		18 : 1
Verbrennungsart	Direkteinspritzung	Direkteinspritzung		Direkteinspritzung		Direkteinspritzung
Kühlung	Wasser	Luft-Gebläse		Wasser		Luft-Gebläse
Leistun (PS)PS	304 bei 2000 U/min	256 PS bei 2500 U/min		260 PS bei 2200 U/min		320 PS bei 2500 U/min
Verbrauch l/100 km	23	25,2	26,1 bzw. 27			
Radstand (R)	4650	3850 + 1380	3850 + 1380	3850 + 1380	3850 + 1380	4000 + 1380
Getriebe	9/1	9/1 oder 12/	9/1 + Vorgelege o. 12/1	9/1	9/1 + Vorgelege	
Höchstgeschw. (km/h)	90,6	86,7	89,3	78	67	
Pritsche (Maße in mm)	4200 x 2330 x 600	4600 x 2330 x 900	4600 x 2330 x 900	4600 x 2330 x 1000		
Alternativ-Ausführung	Version 190-30 NT als Sattelzugmaschine mit R 4050		Mulde: 4800 x 2330 x 1100			Version 330-32 ANT 6 x 4 als Sattelzugmaschine 1983
Gesamtmaße in mm	7030 x 2500 x 2840	7330 x 2500 x 2870	7330 x 2500 x 2870	7330 x 2500 x 2870	7330 x 2500 x 2870	
Leergewicht in kg		10.200	10.800	10.200	10.800	
Nutzlast in kg		11.800	11.200	11.800	11.200	
Gesamtgewicht in kg	17.000	22.000	22.000	22.000	22.000	26.000 bzw. 33.000
		maximal 26.000	maximal 26.000	maximal 26.000	maximal 26.000	

Iveco-Magirus-Eckhauber-Lastwagen · 3.3 Bauzeit 1982 - 1993

Baumuster	330-30 AN 6 x 4 Turbo Schwerer Baustellen-Lkw	330-30 ANW 6 x 6 Turbo Schwerer Allrad-Baustellen-Lkw	330-30 N 6 x 4 Schwerer Baustellen-Lkw	330-30 ANW 6 x 6 Schwerer Allrad-Baustellen-Lkw
Bauart	Dreiseiten-Kipper	Dreiseiten-Kipper	Dreiseiten-Kipper	Dreiseiten-Kipper
Antriebsart	6 x 4	6 x 6	6 x 4	6 x 6
	HA mit Planetenvorgelege	mit Planetenvorgelege	HA mit Planetenvorgelege	mit Planetenvorgelege
Bauzeit	1985 - 1990	1985 - 1990	1988 - 1993	1988 - 1993
Motor	KHD		Iveco	
Motortyp	BF 8 L 513		8210.22X	
Zylinderzahl	V8		R6	
Bohrung x Hub in mm	125 x 130		137 x 156	
Hubraum in cm³	12.763		13.798	
Verdichtung	15,8 : 1		15:01	
Verbrennungsart	Direkteinspritzung		Direkteinspritzung	
Kühlung	Luft-Gebläse		Wasser	
Leistung	306 PS bei 2300 U/min		304 PS bei 2000 U/min	
Verbrauch L/100 km	24,6	25,2	25,6	26,3
Radstand (R)	4000 + 1380	4000 + 1380	4000 (4650) + 1380	4000 + 1380
Getriebe	8/1 + Vorgelege	8/1 + Vorgelege		
Höchstgeschwindigkeit (km/h)	93,1	82	85	74
Pritsche (Maße in mm)	4800 x 2300 x 800	4800 x 2300 x 850	4800 x 2300 x 800	4800 x 2300 x 800
Aufbau alternativ				
Gesamtmaße in mm	7490 x 2500 x 2875	7490 x 2500 x 2875	7798 x 2500 x 2875	7798 x 2500 x 2875
Leergewicht in kg	13.625	13.825		
Nutzlast in kg	12.375	12.175		
Gesamtgewicht in kg	26.000	26.000	26.000	26.000
	maximal 33.000	mximal 33.000	maximal 33.000	maximal 33.000

Literaturverzeichnis

Bücher

Ambrosius, Rolf J.,
Magirus-Deutz, Die Geschichte eines Ulmer Unternehmens von 1886 bis 1935, Biberach/Riß 1997

Ambrosius, Rolf J.,
Magirus-Deutz, Die Geschichte des Ulmer Unternehmens von 1936 bis 1974, Biberach/Riß 2002

Augustin, Dieter, **Iveco Magirus, Alle Lastwagen aus dem Werk Ulm seit 1917,** Stuttgart 2000

Brennecke, Bodo, **Magirus, Schwerlastwagen 1951 – 1964,** Hannover 2000 (Privat-Edition)

Commercial Vehicles, The Observer´s Book of, London 1971 - 1981

Goldbeck, Gustav, **Geschichte des Werkes Magirus, Ulm, in Tradition 1962/63**

Kaupert, Walter, **Kommunalfahrzeuge,** Hannover 1955

Oswald, Werner, **Deutsche Last- und Lieferwagen 1945 – 1969,** Band 2, Stuttgart 2004

Paulitz, Udo, **Feuerwehr Klassiker, Magirus-Drehleitern,** Stuttgart 2001

Rabe, Klaus, **Der Zukunft ein Stück voraus, 125 Jahre Magirus,** Düsseldorf 1989

Regenberg, Bernd, **Die deutschen Lastwagen der Wirtschaftswunderzeit,
Band 1: Vom Dreiradlieferwagen zum Viereinhalbtonner,** Brilon 1985

Regenberg, Bernd, **Die deutschen Lastwagen der Wirtschaftswunderzeit,
Band 2: Mittlere und schwere Fahrzeuge,** Brilon 1986

Regenberg, Bernd, **Die deutschen Lastwagen der Wirtschaftswunderzeit,
Band 3: Omnibusse,** Brilon 1988

Regenberg, Bernd, **Das Lastwagen-Album Magirus,** Brilon 2005

Zeitschriften

Historischer Kraftverkehr
Last & Kraft
Lastauto-Omnibus
Das Nutzfahrzeug